宁夏银北灌区多水源联合高效利用研究

李金刚 何平如 金 秋 陈 菁 张 娜 等著

黄河水利出版社

·郑州·

图书在版编目(CIP)数据

宁夏银北灌区多水源联合高效利用研究/李金刚等
著.—郑州:黄河水利出版社,2024.1
ISBN 978-7-5509-3819-9

Ⅰ.①宁… Ⅱ.①李… Ⅲ.①农田灌溉-水资源利用
-研究-宁夏 Ⅳ.①S274

中国国家版本馆 CIP 数据核字(2024)第 009583 号

组稿编辑:贾会珍 电话:0371-66028027 E-mail:1091602405@qq.com

责任编辑 乔韵青 责任校对 杨秀英
封面设计 张心怡 责任监制 常红昕
出版发行 黄河水利出版社
地址:河南省郑州市顺河路 49 号 邮政编码:450003
网址:www.yrcp.co m E-mail:hhslcbs@126.co m
发行部电话:0371-66020550
承印单位 河南新华印刷集团有限公司
开 本 787 mm×1092 mm 1/16
印 张 6.75
字 数 121 千字
版次印次 2024 年 1 月第 1 版 2024 年 1 月第 1 次印刷
定 价 68.00 元

前　言

随着黄河流域生态保护和高质量发展先行区建设的持续推进,宁夏银北地区的经济建设步入快速发展轨道。银北灌区水资源合理配置、联合调度、高效利用,既是区域自然水资源条件的客观需求,也是破解水资源供不应求问题和推动区域经济社会高速发展的重要举措,对全面提升水资源安全保障、促进黄河流域生态保护和高质量发展先行区建设具有重要的战略意义。

本书结合银北灌区的气象、水文、土壤和现状作物种植结构,系统分析灌区地表水资源、地下水资源和非常规水资源的贮存条件、分布规律、水资源量,在深入剖析井渠结合灌溉模式的基础上,结合地下水运移数值模型,按照区域和行业水资源优化配置原则,以水资源安全高效利用、土壤盐碱化防治为目标,提出了银北灌区生活、农业、工业、生态用水的水资源配置方案。主要结论如下:

(1)银北灌区当地矿化度小于 2 g/L 的地表水径流量为 1.584 亿 m^3,多年平均渠引黄河水量为 26 亿 m^3;地下水资源量为 10.6 亿 m^3,地下湖可开采量为 5.94 亿 m^3,其中银川市地下水可开采量为 3.34 亿 m^3,石嘴山市地下水可开采量为 2.6 亿 m^3;投入运行的污水处理厂设计中水资源量为 4.38 亿 m^3。

(2)银北灌区井渠结合灌溉模式下旱作物灌溉 2~4 次,灌溉定额 120~300 m^3/亩(1 亩 = 1/15 hm^2,全书同),水稻灌溉定额 750 m^3/亩,井渠结合灌溉的井灌水量与渠灌水量之比介于 2∶8~6∶4,秋灌期达到最大值。为防治灌区土壤次生盐碱化,渠道供水充足情境下井渠结合灌溉模式春灌前和秋灌期地下水位宜分别维持在 2 m 和 1.5 m 左右,其他时期维持在 1 m 左右;渠道供水紧张情境下井渠结合灌溉模式春灌期和冬灌期地下水位宜维持在 1 m 左右,其他时期宜维持在 1.5~2 m。

(3)基于银北灌区水文地质条件及地下水补排条件,结合多年资料测定和验证水文地质模型,分析得到灌区 2019—2021 年地下水补排基本达到平衡;根据水资源优化配置原则,银北灌区配置浅层地下水量 2.203 亿 m^3,渠引黄河水量 25.849 亿 m^3,中水量 0.598 亿 m^3;灌区生活、农业、工业分别配置地下水资源量 0.3 亿 m^3、0.714 亿 m^3、0.871 亿 m^3,灌区生活、农业、工业、生态分别配置黄河水资源量 1 亿 m^3、20.786 亿 m^3、0.539 亿 m^3、3.042 亿 m^3,灌区生态配置中水资源量 0.598 亿 m^3。

本书在国家自然科学基金(青年)项目"外源硅输入对微咸水灌溉农田土壤氮循环关键过程的影响机制"(52309046)、中央高校基本科研业务费专项资金项目"咸淡轮灌协同减氮调控模式下盐碱土壤水氮盐耦合效应研究与模拟"(B230201053)和河南省黄河流域水资源节约集约利用重点实验室开放研究基金资助项目"宁夏银北引黄灌区不同水源利用下的农田灌排模式研究(HAKF202102)"的资金支持下,由李金刚、何平如、金秋、陈菁及张娜等撰写。本书依据的成果由河海大学、水利部交通运输部国家能源局南京水利科学研究院、宁夏回族自治区水利科学研究院等单位共同完成。河海大学的李金刚博士承担了现场调研、野外监测、数据分析等工作,负责研究方案设计,撰写了第 3~5 章;河海大学何平如博士承担了室内检测、数据分析等工作,撰写了第 1 章和第 2 章;水利部交通运输部国家能源局南京水利科学研究院金秋正高级工程师承担了模型构建及模拟分析及本书的校稿等工作,撰写了第 7 章和第 8 章;河海大学陈菁教授针对科学研究方法、野外监测试验等进行了指导,撰写了第 9 章;宁夏回族自治区水利科学研究院张娜高级工程师承担了部分灌溉模式调研、野外监测、数据分析等工作,撰写了第 6 章。

本书涉及的研究成果在野外监测区选址和室内检测过程中得到了宁夏回族自治区水利科学研究院杜斌高级工程师、宁夏水文水资源勘测局石嘴山分局史灵利高级工程师给予的热情帮助和支持。

由于作者水平有限,书中不妥之处在所难免,敬请广大读者批评指正。

作 者

2023 年 11 月

目　录

第1章 绪 论

1.1 研究背景与意义

随着经济社会的飞速发展,我国水资源短缺的问题日趋严重。主要表现为水资源紧缺、水质恶化和水土流失加剧。根据《中国水资源公报2022》,我国水资源总量27 088.1亿 m^3,位居世界第六,人均综合用水量425 m^3,耕地实际灌溉亩均用水量364 m^3,农田灌溉水有效利用系数0.572。由于我国人口众多,人均水资源占有量2 100 m^3,仅为世界平均水平的28%。同时,我国不同地区之间地理、地形、气候等差异,导致水资源时空分布不均。我国许多地区已经出现了供水危机,全国669座建制市中,缺水城市占400多座,其中严重缺水的城市超过130个。随着城镇建设和工农业生产的快速发展,大量污水排入河流水系,即便水体本身具有输送、降解和净化的功能,但当排污负荷超过水体的环境容量时,水环境也会趋于恶化。水体污染程度加剧导致了严重的水质型缺水,造成我国水资源短缺形势更加严峻。随着经济建设和社会的发展,水土流失问题日趋严重,水体含沙量不断增加,导致河流淤塞、水体浑浊。水土的大量流失,不仅造成土壤肥力下降,而且将大量泥沙输入河道,导致河道淤积、河床抬高、河流行洪能力降低。此外,水资源紧缺、水质恶化和水土流失加剧及各种水问题之间相互影响、相互作用,形成复杂的水问题叠加效应和连锁效应,引发一系列威胁经济社会发展和恶化生态环境等方面的问题。

水资源是"自然–社会–经济"复合体最为敏感的限制因素之一。在干旱地区,淡水资源是限制经济社会持续健康发展的重要"瓶颈",也是生态演化的关键驱动因素。宁夏地处西北高原干旱区,全区土地面积6.64万 km^2,水资源量仅11亿 m^3(其中地表水资源量9.5亿 m^3,地下水资源量18亿 m^3,重复计算量16.5亿 m^3),平均产水模数2万 m^3/km^2。宁夏全区农业人口占总人口数的71%,农业的稳产、高产主要依赖于渠引黄河水灌溉。随着宁夏国民经济对水资源需求量的不断增加以及生活、农业、工业、生态用水结构的调整,当地水资源量与可利用黄河水量(40亿 m^3)已无法满足需要,干旱缺水成为宁夏的基本区情,水资源短缺已然成为限制宁夏经济社会发展的主要因素。

随着西部大开发的加快、黄河流域生态保护和高质量发展先行区的建设,宁夏的经济建设步入快速发展轨道。宁夏灌区内水资源的高效利用,是区域自然水资源条件的客观需求,是解决水资源供不应求矛盾的重要举措,是保障区域社会经济转型的基础,是实现人水和谐、人地和谐的必由之路,也是推动经济社会高速发展的必然选择。区域内水资源联合配置、合理利用,灌区高效节水,节水型社会建设,事关宁夏经济发展、社会进步和民族团结稳定,事关西部大开发实施的关键性问题。对全面提升水资源安全保障、系统推进节约型社会建设、有效促进黄河流域生态保护和高质量发展先行区建设等都具有重要的战略意义。

水资源高效利用是缓解宁夏银北灌区水资源短缺问题的唯一出路,通过合理配置、联合调度、科学利用地表水和地下水资源,节约引黄农业灌溉水量,加大银北灌区浅层地下水的农业开采利用量,提高水资源利用效率,提升水资源利用技术水平和管理水平,对促进宁夏银北灌区经济社会持续健康发展具有重要的战略意义。

1.2 地表水与地下水联合利用研究进展

1.2.1 水资源优化配置研究现状

地表水、地下水资源的联合高效利用,是人类调控和利用水资源的一项重要措施,也是区域水资源优化配置的重点,在采用渠井双灌的灌区,效果尤其明显。随着人类干预水循环过程的不断深化,管理和合理调配水资源成为灌区地表水和地下水开发利用的重点。相关研究可以概括为3个方面:水量在灌区各用水部门之间的配置;水量在不同渠系之间的数量调配与调度方案;水量在作物种间进行优化,或者在某种(或多种)作物不同生育期的水量分配。

20世纪40年代,Masse[1]最先提出了水库优化调度问题。伴随着水资源系统优化理论和方法的不断发展,以及仿生算法和数值模拟技术的广泛运用,出现了大量水资源优化配置研究成果。Haddad等[2]提出了蜜蜂交配优化算法(HBMO),数学模型的约束条件高度非线性,结果表明,该算法的性能与成熟的遗传算法效果相当。Romjin等[3]构建了水资源配置的多目标、多层次模型,体现了水资源的多功能性,反映出决策中的多种利益关系。Masseroni等[4]提出了一种基于人工神经网络(ANN)和蚂蚁系统优化(AS)求解灌区农业水资源配置优化模型的方法,在地下水管理模型求解中得到成功运用。水价已被确定为有助于解决缺水问题普遍有效的供水政策和竞争手段,Portoghese等[5]通过建立模型强调可以通过调整水价来调控灌溉季节的灌溉水源,在多水源联合利用中可作为调控的一个有效手段。Barkhordari Soroush 等[6]开发了一种由无监督模式识别和自动化控制系统两部分组成的智能操作系统,采用主成分分析法和聚类分析法,基于社会、经济和环境等因素,合理分配灌溉水资源。目前,国外研究更加注重水资源的环境效益,以及可持续开发利用、水质等方面在水资源优化配置模型中的约束作用。

如何合理开发利用水资源一直是相关工作者关注的课题,尤其是在多水源区域内,如何进行区域内水源联动协调,实现水资源与当地社会、经济、工业、生态等协调发展、可持续发展逐渐成为主流问题。在我国,灌溉用水主要是地表水和地下水,其他灌溉用水包括排水、渠尾的回水、渠渗漏和田间渗滤的回水以及微咸水[7]。多水源联合调配主要调整地表水、地下水、过境水、外调水等常规水源的同时必须充分开发应用微咸水、再生水、矿井水与雨水等非常规水源。供水对象涉及农业用水、城镇生活用水、农村生活用水、一般工业用水、能源化工业用水、建筑业与第二产业用水、生态用水等[8]。在多水源的地方,以往较多地研究多个水源的调度工作,在水源的调控方面鲜有研究。潘春洋等[9]、张万锋等[10]探讨了多水源交替灌溉对不同作物生长及产量的影响,试验结果表明,利用地表水(黄河水)和地下水(微咸水)多水源交替灌溉能够成为缓解水资源供需矛盾的有效途径。刘德波等[11]研究建立了多元输调水系统动态水指标解析模型。模型以输水系统干网和各汇入、分出口及调蓄工程为研究范围,以沿程实时水量组成、水质因子为研究对象,提出系统多元动态水量与水质指标解析计算方法。以南水北调中线总干渠河南段为示例,应用模型得到干渠各节点、分出口的各水源水量构成、水质因子等指标成果,经分析可为制订科学合理的调度方案、实现预报预调或水量统计核算提供技术支持,从而提高多水源联合调度的管理水平。杜磊等[8]以某市的水资源开发利用为例,在对多水源区域内水资源联动协调方案、水资源运行规则及调配策略进行分析的基础上,基于各自性质与规则构建模型,以社会健康安定、经济可持续发展和改善提高生态环境3个子目标为评价因子,分析各目标的约束条件,并对模型进行解析。地表水与地下水联合调蓄不仅解决了地下水调蓄的水源问题和地表水调蓄空间、蒸发及其附带的环境地质问题,在综合利用水资源的同时,还具有修复地下水漏斗区地质环境、恢复地下水的功能。杨丽芝等[12]对利用平原水库实现地表水与地下水联合调蓄进行了研究,结果表明,单纯依靠平原水库调蓄地表水,不仅侵占大量农田,还将产生诸如水资源浪费、土壤次生盐渍化等环境地质问题。利用地下水巨大的调蓄空间和有利的调蓄途径,凭借一定的回灌工程,将平原水库蓄存的地表水回灌至地下蓄存,同时解决了地下水调蓄的水源问题和地表水调蓄空间、蒸发及其他环境地质问题,是水资源可持续利用的有效途径之一。针对西北干旱地区水资源短缺现象,Zhou Li 等[13]以 2020 年作为基准年对石羊河流域的地表水和地下水资源进行了优化配置,建立了一个联合模型。结果表明,目前的水资源足以满足最高优先用水需求(日常生活、工业、生态环境),但由于目前的灌溉方式落后以及水量不足,无法满足可耕农业的需求。通过协调流域的各个方面以及通过实施地表水和地下水的联合调节,可以提供稳定的水供应,有效控制地下水位,改善水资源供需之间的平衡,并可以通过调整区域和水类别之间的水资源关系来缓解缺水程度,从而减少干旱内陆地区水资源的时空差异,并能优化配置和有效利用水资源。曾赛星等[14]以内蒙古河套灌区为例,拟定了不同作物的灌溉定额、灌溉时间和灌溉次数,为灌区的农业水资源时序分配提供了理论指导;贺北方等[15]建立了大型灌区水资源优化配置模型,结合多水库、多目标、最优控制的方法,开展了灌区渠间水量和配水比的优化;王浩等[16]提出了二元水循环理论,开发了"天然–人工"二元水循环模型。

综上所述,国内外灌区水资源优化配置问题,在数学方法和模型上,经历了从线性到非线性、从一般数学方法到仿生算法、从确定性到随机性的转变;在优化目标上,完成了从单目标优化到多目标优化、从简单系统到复杂系统的转换;在求解过程中,由低阶微分方程转变为高阶微分方程;在研究对象上,也由单一视角改变为多视角,变得越来越复杂多样。

1.2.2 多水源联合利用研究

20 世纪 80 年代,由华士乾教授亲自主持的国家课题组,采用系统理论分析的方法对水量的合理均衡分配问题进行了深入的理论研究[17]。曾赛星等[14]通过运用大系统分解协调方法建立灌区双层优化灌溉管理制度及地表水、地下水的联合应用谱系模型,并以内蒙古河套灌区验证了模型可行性。翁文斌等[18]提出了一种基于宏观水资源规划的多目标综合决策分析的方法与思路,为水资源管理工作者提供了一种全新的水资源管理规划方法与思路。彭新育等[19]通过运用灌溉体系点影子价格的概念引入了关于水资源空间配置的方法,并尝试从实践中探讨当前我国灌溉体系空间配置中存在的一些问题。向丽等[20]根据系统的分解与协调原理,建立了一套以渭干河灌区为研究对象的水资源优化与分配模型。杨慧丽[21]以开封市农业灌溉用水为例,以增产效益最大为目标,应用非线性规划方法探讨了全灌区地表水和地下水联合调度问题。合理布局地下水开采量并提高了水资源利用效率。蒲志仲[22]从经济学的角度对水资源配置进行了探讨,提出通过水资源价值调整和再分配,实行水资源社会所有制,实现代际水资源的合理配置。

21 世纪以来,随着全球可持续发展理论的提出,生态效益逐渐有所凸显,贺北方等[23]基于可持续发展理论,对区域性水资源的优化配置问题进行了深入研究,以实现社会、经济、环境的综合效益最大为研究目标,建立了一套优化配置模型,并充分利用大系统分解协调技术将模型分解为二级递进的结构,同时讨论了多目标遗传算法在优化和求解中的应用。尹明万等[24]结合实际情况和需要,研讨了水资源管理系统与水资源配置模型的概念和定义,开展了水资源管理系统网络图的绘制方法研究,在图中表达了对水的需求、供给、工程和水运动等各种复杂关系的方法,系统反映了水资源管理系统建模的基本特点和供水工程的建模思路与技巧,提供了这个模型的基本任务及主要约束方程。黄义德等[25]以淠史杭灌区为研究区域,进行了实时的水资源供需情况模拟运行及其在运行过程中变化对灌区内水资源总体供需关系的影响研究,最终优化得到每片的供水量,并评价其盈亏状态。周丽等[26]建立了具有非线性、多目标等特征的水资源配置优化模型,模型采用混合遗传模拟退火方法进行求解计算,对基于此模型的水资源配置优化问题展开研究。褚桂红[27]从灌区农作物优化配水模型、地表水–地下水联合调度模型等方面入手,建立了具有三层谱系结构的灌区地表水、地下水联合调配递阶模型,并以涝河灌区为例,利用该模型分析提出了适合灌区不同水文年型的地表水、地下水联合调配模式。张文鸽等[28]本着经济社会可持续发展的理念,以最大的综合经济效益作为目标函数,构建了水资源优化配置模型,该模型综合了可供给用水量、居民需要用水量以及对水环境的影响。周维博等[29]根据灌区多年来的降水量、渠井浇灌用水量、井灌用水量之间的变化比率,运用多元非线性相关分析法构建了灌区地下水动态预测数字模拟模型,对灌区适宜的渠井灌溉用水量之间的变化比率关系进行了综合分析,为灌区地下水合理利用开发与灌溉水资源动态优化利用配置管理工作研究提供了依据。王瑞年等[30]分别对灌区的作物子系统运用动态规划,对灌区供水调控系统运用多目标规划,并采用分层次耦合结构通过作物的水量分配进行双层耦合,建立了龙口市农业水资源优化配置模型。黄显峰等[31]研究并建立了可以把多目标、混乱遍历性进行综合考量的水资源优化配置模型,解决了实际中的问题。李彦彬等[32]研究构建了基于大系统分解协调、动态规划等方法的地表水与地下水的联合优化调度模型,并运用该模型对彭楼灌区的水资源情况进行了综合优化配置,制订了一套区域性的配水计划方案。张万顺等[33]通过研究建立了水质和水量相互耦合的模型,定量研究了汉江中下游的水质和水量,制订并完善了当地水资源的配给方案。聂相田等[34]综合考虑了灌区的主要自然生态环境、经济效益,尽可能把地下水位保持在合适的范围内,使灌区地下水的利用资源合理开采与用水供应环境相适宜,达到了地下水资源可持续开发利用的主要目的。

国外关于地表水资源与地下水资源联合利用调度的理论研究最早开始于 20 世纪 40 年代,Masse 就通过系统化的分析方法,以地下水资源管理优化综合配置管理为主要目标,研究了地下水库联合调度管理问题[1,35]。水资源综合配置管理研究在 20 世纪 50 年代至 80 年代末快速深入发展。20 世纪 50 年代以后,将系统优化分析计算理论和系统优化计算技术广泛运用于水资源管理系统模拟,并通过计算机科学技术将该系统模拟中的方法得以有效实现,从而直接促使了该模拟方面的科学研究迅速得到发展[36]。Romjin 等[37]考虑了水资源的多重功能和利益关系合作,建立了多个不同层次资源水量综合分配管理模型,体现了水资源配置的多目标和功能多层次的模型结构设计特点。Willis[38]以水库供水费用最小或水库缺水费用损失最小函数为目标要求函数,应用线性规划法求解了地表水单库与地下水水源多库共同构成的多功能水源运行质量管理体系问题。总结了 20 世纪六七十年代水资源配置管理工程在各领域的实际应用及发展趋势概况,着重强调资源运筹学和其他计算机科学技术在其应用领域的应用。

20 世纪 90 年代,由于灌溉水污染、生态环境日益恶化,国外开始在水量合理优化资源配置中大量加入水质、环境效益等约束因素,Afzal 等[39]针对巴基斯坦特定地区的灌溉系统,建立一个线性规划模型,优化了各个时期的水资源使用问题,首先考虑了劣质地下水和有限地表水两类不同水质、水量的配置问题。Fleming 等[40]通过考虑水质运移的水力滞后运动作用,以水力运动梯度作为对污染物扩散约束进行控制,建立了城市地下水水质、水量统一管理控制模型。Carlos 等[41]以环境经济效益为主要目标,建立了考虑不同用水管理部门对水质不同要求的多种水质水源安全管理体系模型。Kumar 等[42]在应用污水灌溉排放模糊系统优化模型的基础上,提出了可行的流域水质管理信息系统的设计方案。Watllius 等[43]研究了一个具有不确定性和重大风险的资源可持续性水资源规划管理模型,建立了水资源联合管理调度规划模型。Norman J 等[44]研究了如何分配灌溉用水,建立了由作物成长过程模型和随机动态规划二者相结合的数学模型。同时随着计算机技术的发展,模拟技术也在不断发展。Ghossen 等[45]以控制灌溉水中的盐分在土壤中不入渗到或漏透到其他地下水中为前提,采用了模拟优化技术来确定灌溉水量定额,建立了灌溉水系统水资源管理模型,保证了土壤控制断面的水势变幅达到最小。

21 世纪以来,学者们将研究重点倾向于管理层,开发了许多决策系统及管理平台等。Ejeta 等[46]运用动态规划模型、线性规划等方法对大型灌溉地点进行了水资源的优化和配置研究,提高了灌溉效益。Biswadip 等[47]针对印度 Hirakud 灌区,建立了一个整合的水土资源配置模型,并创建了一个具有用户界面的软件平台。Sarach 等[48]开展了关于协调供给水政策的制定与评价的研究。Habibi 等[49]强调劳动力的分配关系,并利用经济学原理,基于最大规模的工农业雇用能力构建了水资源优化配置模型。Thalillieu[50]对水资源利用管理的社会学习、多主体协调管理组织等相关问题进行深入研究。Lnjayant 等[51]在对空间资源分配模型的研究中,考虑了如何使流域的地表水与地下水进行联合配置利用。Fortes 等[52]以概念性水量平衡为基础,基于 GIS 平台建立了提高水分利用效率的 GISAREG 灌溉制度模拟模型。Cakr 等[53]基于田间实测数据,运用作物水分生产函数,建立了烤烟在不同可供水量条件下、不同生育期的灌溉决策模型。

从上述国外关于水资源配置的研究内容可得出,在国外,对于灌区进行的水资源优化配置模型与方法研究,从最初的数学规划与模拟技术,到水质、水量联合调配,再到管理决策系统,大体上的研究已经取得了较为丰硕的成果。

1.2.3　井渠结合灌溉模式研究

井渠结合灌溉模式是我国大部分灌区主要采用的灌溉形式。井渠结合灌区具有充分利用地表水、地下水、循环利用灌溉及渠系渗漏水,适时调控灌区地下水位,防止土壤发生次生盐碱化,能够实现适时灌溉、提高水资源利用率等突出特点,是我国西北地区灌区实现农业高效用水不可或缺的组成部分。2008 年,宁夏回族自治区水利厅确定了惠农渠、唐徕渠、汉渠 3 个典型引黄自流灌区试点,实施井渠结合灌溉综合规划,总灌溉面积达 0.262 万 hm^2,机井分布达 223 眼。2010 年,井渠结合的灌溉面积,平均已达到 1 万 hm^2 规模,机井布置达到 600 眼左右[54-55]。

孙骁磊等[54-55]研究认为宁夏银北灌区补给量为 16.08 万 m^3,排泄量为 13.91 万 m^3,地下水处于正均衡状态,均衡差为 2.17 万 m^3,相对均衡差为 15.60%。补给量大于排泄量,使得灌区地下水位上升,地下水埋深越过地下水临界深度。而且灌区蒸发强烈,地下水的盐分随毛管水上升到地表,水分蒸发后,盐分积累在表层土壤中,容易使土壤发生次生盐碱化。在 3 月、4 月以井灌为主的时期,地下水开采程度较高,且处于集中开采期,地下水位下降幅度大,地下水埋深在 2 m 左右,土壤表层饱和度为 0.69~0.76。7 月、8 月为渠灌水量最大时期,地下水位明显升高,地下水埋深最高达 1 m,超过生态安全水位,部分水位较高地区土壤表层饱和度上升至 0.94~0.96。当 9 月、10 月渠首停止引水后,地下水位又重新下降,最低达 2.2 m 左右,饱和度下降到 0.68以下。

目前,关于井渠结合灌溉模式优化的模型对地下水的运用情况过于简化,常采用定值作为优化模型的参数,不能真实反映地下水随时间对灌溉面积的影响,如 MODFLOW 采用了矩形网格差分法,地表水流近似处理为一维明渠恒定流;将地表水和地下水的交换水量当作源汇项概化处理。贾小俊[56]基于排队理论,分析了地下水灌溉的农田面积随等待地表水灌溉历时的影响,并建立灌区渠系优化配水模型,以灌水历时最短为目标,根据渠首引水、渠系供水、作物用水等方面的用水关系建立约束条件。通过某灌区的实际应用,说明模型方法的可行性。研究结果可为建立地表水和地下水联合灌溉优化模型提供方法上的借鉴。Naghdi Saeid 等[57]在研究饮用水、工业、农业和环境部门之间的地表水和地下水的联合分配上,将系统动力学模拟优化技术与纳什讨价还价理论相结合,以实现水资源的最优分配。为了获得帕累托峰,使用了 NSGA-Ⅱ多目标优化算法来最大化供水量(使缺水量最小化),并且最小化了含水层中的地下水抽取量(目标函数)。

井渠结合是指通过对地下水与地表水进行联合统一调度,达到对作物的适时灌溉(供水)及水资源可持续利用的目的。井渠结合灌溉模式虽然在一定程度上缓解了农业灌溉压力,但这种变化使灌区的地下水补排条件发生了显著变化,也使得井渠结合灌溉方式下探索灌区水循环过程更加复杂,随之也产生了一些严重的问题。例如,过多引用地表水、过少开采地下水引起的地下水位上升,增加无效的潜水蒸发,并引起灌区农田渍害和土壤次生盐碱化。或者减少引用地表水和过量开采地下水,引起地面的沉降和坍陷[58]。井渠结合问题一般对地下水与地表水的调度参数进行优化计算,最后得到用水比例、时间、分布等。探讨井渠结合问题的方法有运筹学方法、数值模拟方法及大系统分解协调理论等。地下水与地表水联合调度的模拟方法是对水资源系统建立数学物理方程再通过数值方法进行求解,一般可以得到水量、水位、流量、水质等属性时间及空间的分布信息。在井渠结合灌区水资源优化配置研究中,通常将灌区地下水系统抽象为一个或几个代数方程,没有对地下水系统的动态过程及分布信息进行描述或对其描述并不详细,优化结果中大多只给出了地下水的总量,地下水分布情况相对简单,难以满足当前灌区现代化管理的需要。贾艳辉[59]改进了井渠结合灌区地表水、地下水联合调度模型,优化了井渠结合灌区渠井布局,提出了基于水土资源可持续发展的地表水、地下水联合调度方案。针对灌区地下水与地表水联合调度问题,通过构建耦合模型并使用逐个优化方法进行寻优,可以节约灌水成本,得到的井渠分布模式,可以防止上游地下水位持续上升,减小土地次生盐碱化风险;可以缓解下游地区地下水位持续下降,维持灌区内水资源供需平衡,高效利用自然降水,减少引黄水量。杜捷[60]选取贺兰县灌区为实例进行研究,构建基于"水土资源均衡、灌溉水时空均衡和生态水位控制"的灌区多目标水土资源均衡优化配置模型,以智能优化算法——鲸鱼算法进行配置计算,用 Visual Modflow 对地下水位进行数值模拟分析,以不同节水发展情景为前提,调整地表水和地下水供水量,考虑时间优化配置模型、地下水数值模拟模型,进行反复迭代计算,构建了地表水-地下水空间均衡优化配置模型,该模型不仅可以实现灌区水土资源的区域均衡和时间均衡,同时兼顾灌区经济效益、社会效益和生态效益。

1.2.4　农田排水利用研究现状

排水对于作物生长具有与灌溉同等重要的作用,特别是在干旱半干旱的盐渍化地区,适宜的农田排水条件以及排水设施与灌溉工程之间的配套可为作物生长提供良好的农田水土环境。随着水资源供需矛盾的日益加剧,在水资源紧缺地区,灌溉用水高峰期为满足作物正常生长的需求,适宜地利用农田排水资源进行灌溉,可避免作物减产,缓解农业用水供需紧张的矛盾。农田排水再利用作为一种缓解水资源短缺矛盾、提高灌溉用水利用率的重要途径,在国内外许多地区已有较广泛的应用实践。许多研究者指出,利用农田排水作为补充水源不仅提供给作物所需水分,同时减小对水环境的影响。农田排水中含有作物所需的氮、磷等养分,作为节水与水肥资源再生利用的重要调控措施,对提高水资源利用率、减少化肥和农药流失、防治水体富营养化和土地盐渍化、保护农田水环境等具有十分重要的意义。然而,农田排水中除含有对作物生长有益的氮、磷等养分外,还含有对作物有毒有害的物质,不合理地用于灌溉会导致作物产量和品质下降,污染地下水环境,造成或加重土壤盐碱化问题等。

王少丽等[61-62]、刘大刚[63]率先提出农田排水资源灌溉利用适宜性的内涵和评价指标体系,运用基于层次分析法的模糊模式识别评价模型,评价了银北灌区 5 个典型沟水利用点的适宜性程度,并对评价结果进行分析和研究。结果表明,在银北灌区灌溉中后期的农田排水资源灌溉利用适宜性要好于前期,灌水期沟水呈弱碱性,属低矿化度微咸水,pH 的年内和年际变化较为稳定,利用农田排水虽然会造成一些区域轻微积盐,但是只要采取较好的配套措施,仍可以达到可持续性利用目的。许迪等[64]认为,对缺水严重的黄河下游引黄灌区,农田排水再利用是缓解水资源供需矛盾、改善作物产量的一种有效的水管理措施。在田间试验观测基础上,采用 SWAP 模型分析了黄河下游簸箕李引黄灌区农田排水再利用下的土壤盐分季节性变化及地下水位对土壤盐分剖面分布的影响,模拟农田排水补灌对作物产量的效应。研究结果表明,咸排水补灌引起的土壤盐分积聚主要在冬小麦生长期,夏玉米生长期内并不明显,利用含盐量在 4 mg/cm³ 以下的农田排水在冬小麦生长后期水分亏缺阶段进行补灌,可在基本不影响随后夏玉米产量的基础上,不同程度地改善冬小麦产量。王建伟[65]提出将灌溉渠水和农田排水掺混作为农田灌溉的方案,即"引沟济渠"模式。以唐徕渠和惠农渠为典型区,研究"引沟济渠"模式下的农田水资源优化配置,结果表明,该模式可增加灌溉可利用水量,保证农田需水的同时,还能节约一部分灌溉渠水用于水系连通。在排水水质方面,除三二支沟存在有机污染灌溉风险外,其他排水沟道属于无毒害型,在对排水沟进行除盐处理后可进行农田灌溉,表明农田排水再利用可行。依托石嘴山现有灌排系统提出水系连通方案可操作,在"引沟济渠"模式下,结合现有湖库湿地工程,设计水系连通路线,并进行初步水量配置,路线有效可行。在埃及的西北三角洲,已经使用运河水和农业排水进行混合灌溉,Wahba[66]应用DRAINMOD-S模型模拟了不同矿化度的排水与淡水循环利用模式,模拟结果表明,在控制排水条件下,采用电导率为 4~12 dS/m 的农田排水与淡水进行季节性循环亏缺灌溉,可在节水的同时保障农作物高产。

1.3　研究内容

本书在现场调研和野外监测的基础上,结合理论分析和数值模拟手段对银北灌区地表水、地下水、农田排水的水资源量和可利用量进行分析,结合优化配置手段,研究提出灌区适宜的多水源联合高效利用模式,主要研究内容如下:

(1)灌区可利用水资源量。结合灌区降雨资料,分析灌区地表水资源量;根据灌区水文地质情况,分析灌区地下水资源量及可开采的地下水资源量;结合野外监测试验,分析灌区的排水水量和水质变化规律,研究灌区排水可利用量。

(2)井渠结合灌溉模式研究。研究灌区典型农作物的需水规律及灌溉定额,结合区域地下水埋深分布特征,分析确定适宜井渠结合灌溉的作物类型及作物生育期内灌溉制度和非生育期内储墒灌溉制度。

(3)农田排水再利用模式研究。研究灌区典型农作物的农田排水灌溉模式,结合农田排水水量水质动态特征,分析农田排水灌溉适宜性,研究农田排水与渠水联合灌溉的适宜作物类型及灌溉制度。

(4)灌区多水源联合利用模式研究。结合灌区作物类型,根据水资源优化配置原则,研究制定适宜的多水源联合高效利用模式,提高水资源利用效率,助力黄河流域生态保护和高质量发展先行区试点建设。

第 2 章　银北灌区概况

2.1　地理位置

　　银北灌区地处宁夏回族自治区贺兰山东麓银川平原的北部和鄂尔多斯台地西缘的高阶地上,地理位置为东经 105°46′28″~106°50′44″,北纬38°11′30″~39°17′12″,见图 2-1。该区域东临黄河西岸,西沿贺兰山 1 200 m 等高线,南起永宁县,北至石嘴山市惠农区,东西宽 51 km,南北长约 130 km,总面积 7 971 km²。灌区内辖银川、石嘴山两个地级市,包括永宁、银川市区、贺兰、平罗、大武口、惠农等 6 个县(区)。灌区占引黄灌溉之利,平原内沟渠纵横,湖沼繁多,土地肥沃,素有“塞上江南”之美称。

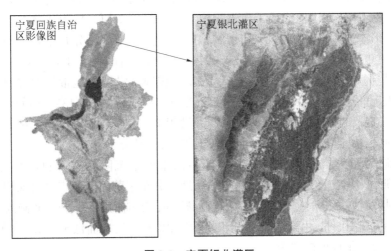

图 2-1　宁夏银北灌区

2.2　地形地貌

　　银北灌区西临贺兰山,东抵鄂尔多斯高原,海拔为 1 088~1 200 m,由西南向东北倾斜。南北向坡降为 1/4 000~1/8 000；东西向坡降大于南北向，介于 1/500~1/1 500，且东西两侧向中间低洼地或黄河倾斜。受断陷盆地地质构造及内外营力的作用，形成了该区盆地型的地貌特征，按地貌成因、形态，可划分为山地、构造剥蚀地形、堆积剥蚀地形、堆积地形、风积地形。

山地为该区境内贺兰山部分，海拔 1 200~2 000 m，山体由中-古生代碎屑岩构成，属侵蚀构造地貌，是银北地区特别是该区山前倾斜平原区地下水的重要补给源区。

构造剥蚀地形由地壳构造运动和外力剥蚀作用下形成，分布在石嘴山惠农区，按其起伏形态分为丘状准平原、平缓准平原。丘状准平原海拔1 078~1 130 m，相对高差 20~50 m，岩性由石炭、二叠系地层组成，地势呈北东 30° 展布，山丘平缓矮小，其地表碎石广布。由于采煤，采空区坍塌，破坏了原地貌形态。平缓准平原海拔 1 112~1 130 m，相对高差小于 10 m，地势由北西向南东倾斜，坡度小于 0.2%，岩性由二叠系砂岩和泥岩组成，地面平坦，冲沟发育。

堆积剥蚀地形按其成因和形态可进一步分为洪积斜平原、冲洪积平原。山前洪积平原由洪积层组成，呈近南北带状，展布于贺兰东麓。伴随着盆地中心间歇性升降，在山前形成了由洪积扇组成的倾斜平原。按组成物的时代和微地貌形态，划分为老洪积扇和新洪积扇。老洪积扇广泛分布于贺兰山前地带，由上更新统洪积物组成，海拔 1 095~1 450 m，扇面坡度 1%~3%，向山前倾斜，是构成山前洪积斜平原的主体。新洪积扇多沿近山地带的沟谷两侧和老洪积扇的边缘呈扇裙分布，由全新统洪积物组成，海拔 1 132~1 400 m，地面向东倾斜，且坎坷不平，植被稀少。冲洪积平原呈带状分布于惠农区北部与陶乐地区，由全新统冲洪积物组成，阶面平坦，大部分为沙丘覆盖。

堆积地形受周边构造控制，第四系以来处于沉降状态，地势为全区最低，地形极为平坦，为主要的农业生产基地。分布于黄河两侧广大河湖积平原区，包括黄河一级阶地、二级阶地、低平碱滩地、扇前河湖积洼地、河漫滩。海拔 1 039~1 105 m，由全新统河湖积物和冲积物组成，地面低平，湖泊遍布，部分地区盐渍化程度较严重。

风积地形的活动沙丘分布于五堆子—高仁镇一带，多以活动的新月形和垄岗沙丘出现，其长轴为北东向，沙丘西北坡平缓，南东坡陡峻。沙丘一般高 3~5 m，部分沙丘高达 10~20 m，主要由细沙组成，地势波浪起伏，因活动性强，植被稀疏。固定-半固定沙丘主要分布于五堆子—高仁镇一带，分布范围小，形成区内固定-半固定草丛沙丘，其形态似馒头，高 1~3 m，呈单个不连续状态，沙丘之间为平铺沙地，地形较为平坦，表面覆盖植物主要为耐旱的白刺等。

2.3　气象条件

银北灌区属中温带干旱地区,大陆性气候特征明显,日照充足、温差较大、热量丰富、蒸发强烈、干旱少雨、无霜期短、冻土较深。

2.3.1　气温与日照

银北灌区年平均气温 11 ℃,昼夜温差大。一年之内最高气温在 7 月,平均温度 27 ℃左右,极端最高气温达 39.5 ℃;1 月气温最低,平均温度-6 ℃,极端最低气温-27.1 ℃,平均气温日较差 13 ℃,见图 2-2(a)。大于 10 ℃的年有效积温达 3 250 ℃。灌区日照充足,年日照平均时数达 2 650 h,见图 2-2(b);灌区无霜期为 174 d,冻土平均深度 0.8 m,冻土期为 150 d。

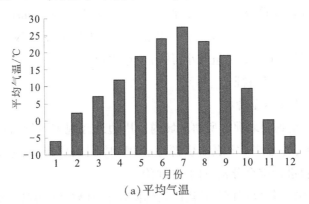

(a)平均气温

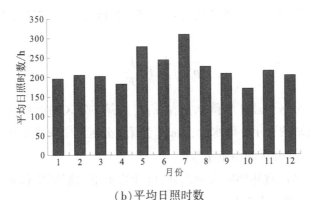

(b)平均日照时数

图 2-2　灌区平均气温与平均日照时数年内分配特征

灌区主要自然灾害为干旱、霜冻、大风、干热风和冰雹。霜冻每年都有不同程度的发生,最低气温小于 2 ℃的轻霜冻多出现在 9 月下旬,5 月上旬结束。最低气温小于 0 ℃的重霜冻,出现在 10 月下旬,4 月下旬结束。灌区全年多风,8 级以上大风日数年平均 5.2 ~ 55.5 d;沙暴日数年平均 6.7 ~ 12.3 d;干热风多发生在 6—7 月。6—9 月时有冰雹危害农作物。

2.3.2 降水与蒸发

灌区雨水稀少,多为晴朗干燥天气。大气降水是地表水和地下水的补给来源,降水量的多少反映了灌区水资源的丰枯情况。天然条件下的蒸发是水循环中的主要组成部分,对水循环具有重要的影响。灌区多年平均降水量 131 mm,降水年内分布不均,65%以上集中在 7—9 月。冬季雨量稀少,干旱年份冬季出现百日无降水现象。年平均水面蒸发量 1 235 mm(E601 型蒸发皿),干旱指数年平均在 4 以上。一年之中 5—7 月蒸发量较大,占全年的43%以上;12 月和 1 月蒸发量较小,约占全年的 4%。

2.3.2.1 灌区降水量特征

1.多年平均降水量特征

本次共收集到银北灌区所辖区域内及周边地区观测雨量站点共计 48 处系列观测资料,并参考《宁夏水资源综合规划》相关成果,对银北灌区各县(区)降雨资料进行综合分析、计算和评价。

结合"中国气象数据网"下载得到的降雨日值数据(1975—2019 年),利用泰森多边形法推求灌区及各县(区)1975—2019 年系列的年降水量,计算公式为

$$\bar{p}_j = \sum_{i=1}^{n_j} P_{ij} \frac{f_{ij}}{F_j} \tag{2-1}$$

式中:$\bar{p}_j$ 为第 j 分区的逐年年降水量,mm;F_j 为第 j 分区的面积,km^2;P_{ij} 为第 j 分区第 i 雨量站的逐年年降水量,mm;f_{ij} 为第 j 分区第 i 雨量站所能代表的面积,km^2;n_j 为第 j 分区的雨量站数。

根据各分区的逐年年降水量系列,可计算出银北灌区按行政分区的多年平均降水量,结果见表 2-1。

表 2-1　行政分区多年平均降水量

地级市	县（区）	计算面积/km²	降水量/亿 m³	降水深/mm
银川市	银川市区	1 660	3.023	182
	永宁县	1 011	1.788	177
	贺兰县	1 208	2.556	212
	小计	3 879	7.367	190
石嘴山市	大武口区	922	1.793	194
	平罗县	2 070	3.948	191
	惠农区	1 100	1.910	174
	小计	4 092	7.651	187
灌区合计		7 971	15.018	188

从表 2-1 可以看出,宁夏银北灌区多年平均年降水总量约 15 亿 m³(1956—2000 年),多年平均降水深 188 mm,不足黄河流域平均值 446 mm 的一半。根据行政分区的分析结果,各县(区)降水深差别不大,大部分都在 200 mm 以下,属于干旱地区,其中只有贺兰县达到 212 mm;惠农区最小,为 174 mm。

2.降水量年内变化特征

银北灌区降水年内分配很不均匀,降水主要集中在 7—9 月。连续最大 4 个月降水量均出现在 6—9 月,占年降水量的 70% 左右,其中石嘴山市多数站在 75% 以上。最大降水量出现在 8 月,最小降水量出现在 12 月或 1 月。灌区 2022 年降水量月分布见图 2-3。

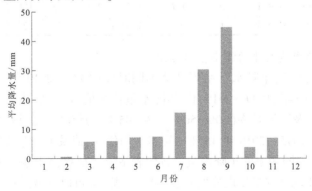

图 2-3　灌区 2022 年降水量月分布

银北灌区降水年际变化较大,变差系数 C_v 均大于 0.3,平罗、大武口等地 C_v 值高于 0.4。下庙站实测年最大降水量为 311.5 mm(1995 年),最小年降水量为 35.1 mm(1981 年),极值比为 8.9。灌区代表站年降水量最大、最小倍比见表 2-2,灌区长系列降水量代表站各统计时段年降水量特征值对比见 2-3。

表 2-2　灌区代表站年降水量最大、最小倍比　　　　　　　单位:mm

站名	所属分区	河流	均值	最大年		最小年		极值比
				降水量	年份	降水量	年份	
银川	银川	第三排水沟	194	354.3	1961	98.2	1980	3.6
下庙	平罗	第三排水沟	172	311.5	1995	35.1	1981	8.9
石嘴山	大武口	大武口沟	165	326.8	1967	47.9	1965	6.8

表 2-3　灌区长系列降水量代表站各统计时段年降水量特征值对比

雨量站名称	统计时段	年数	统计参数			不同频率降水量/mm			
			均值/mm	C_v	C_s/C_v	20%	50%	75%	95%
石嘴山	1962—2019 年	58	174	0.42	2.0	230	163	120	73.4
	1964—2019 年	45	165	0.42	2.0	219	155	115	69.8
	1975—1990 年	24	172	0.45	2.0	232	160	116	67.3
	1990—2019 年	30	161	0.42	2.0	213	152	112	68.0
	1999—2019 年	21	158	0.36	2.0	202	151	116	77.5
银川	1955 年、1956 年、1964—1965 年、1970—2019 年	54	196	0.38	2.0	255	187	142	91.6
	1975—2019 年	45	194	0.36	2.0	249	186	143	95.1
	1975—1990 年	24	209	0.38	2.0	271	199	151	97.6
	1990—2019 年	30	186	0.32	2.0	233	180	143	100
	1999—2019 年	21	177	0.31	2.0	221	171	138	97.4

3.不同频率典型年的降水量月分配

利用各分区逐年降水量系列计算不同时段(1975—2019 年、1975—1990 年、1990—2019 年、1999—2019 年)年降水量特征值,包括统计参数(均值、C_v 值、C_v/C_s 值)及不同频率(20%、50%、75%、95%)的年降水量进行频率分析计算,其均值用 1975—2019 年 45 年的算术平均值,C_v 值及 C_v/C_s 比值运用配线法确定,求得不同频率的年降水量。各代表站统计参数、不同频率降水量及典型年和多年平均降水量年内分配见表 2-4。从表 2-4 可以看出,各分区典型年降水量的年内分配极不均匀,季节变化比年际变化大,连续最大 4 个月降水量基本上集中在 6—9 月,11 月至次年 3 月降水量很小,约占全年降水量的 20%。

表 2-4　各分区雨量代表站典型年及多年平均降水量月分配

单位：mm

雨量站名称	地级行政区	典型年	出现年份	降水量														汛期	
				1月	2月	3月	4月	5月	6月	7月	8月	9月	10月	11月	12月	全年	起止月份	降水量
银川站	银川市	丰水年（P=25%）	1977	0	1.4	0	14.2	11.4	23.8	36.6	89.3	40.8	21.0	2.5	0	241.1	6—9	190.5
		平水年（P=50%）	1985	0	0	0	6.9	52.2	27.3	14.8	50.0	15.1	20.2	0	1.4	187.9	6—9	107.2
		枯水年（P=75%）	1996	0	0	4.1	3.9	15.7	23.1	29.0	42.1	14.7	16.2	3.1	0	151.9	6—9	108.9
		偏枯水年（P=95%）	1969	0.9	2.7	0	2.5	7.4	7.1	19.3	28.2	31.6	9.2	0.1	0	109.0	6—9	86.2
		多年平均		1.2	2.2	6.5	12.0	17.4	19.3	41.8	54.6	22.6	12.2	3.6	0.7	194.1	6—9	138.3
石嘴山站	石嘴山市	丰水年（P=25%）	1979	0	9.0	0.1	1.9	16.9	27.3	95.0	61.0	4.6	2.8	0.3	0	218.9	6—9	187.9
		平水年（P=50%）	1992	0	0	6.4	2.4	20.8	50.9	47.0	15.8	6.7	5.1	0	0	155.1	6—9	120.4
		枯水年（P=75%）	1956	0	0	7.3	20.1	3.1	30.7	11.7	33.2	6.9	0	1.5	0.5	115.0	6—9	82.5
		偏枯水年（P=95%）	1972	0	0	1.8	7.9	20.2	3.2	2.8	13.2	15.1	1.3	2.6	0	68.1	6—9	34.3
		多年平均		0.5	1.4	4.3	7.4	13.3	18.6	42.1	45.8	20.6	8.4	2.3	0.4	163.2	6—9	127.1

2.3.2.2 灌区蒸发特征

1.水面蒸发

水面蒸发量是反映区域蒸发能力的重要指标。银北灌区大部分地区日照多、湿度小、风大，水面蒸发强烈。灌区所辖区域内，水面蒸发能力实际与当地降水形成的产流状况，以及地表水资源利用过程中的"三水"转化所产生的消耗量等息息相关。水面蒸发强度主要受当地的气压、气温、湿度、风力、辐射等气象因素综合影响，在不同纬度、不同地形条件下所形成的水面蒸发能力也不相同。

确定水面蒸发量的常用方法是结合蒸发器观测，再折算为自然水面蒸发量。水面蒸发量（E601 型蒸发器值）与日照、气温、湿度、风速有很大关系，还与下垫面条件有关，是反映蒸发能力的指标。将 1999—2019 年系列 E601 型蒸发器监测银北灌区的水面蒸发量观测资料作为基础资料，分析 1999—2019 年银北灌区多年平均水面蒸发量为 1 235 mm，变幅介于 1 000～1 500 mm，水面蒸发总量 98.41 亿 m^3，占宁夏全区平均水面蒸发量的 15.2%。

水面蒸发量变化趋势与年降水量相反，降水量大的地区，水面蒸发量小，并随高程增加而减小。银北灌区各县（区）分区多年平均水面蒸发量见表 2-5。灌区水面蒸发量的年际变化较小，一般不超过 20%。年内变化大，随各月气温、湿度、日照、风速产生变化。灌区 11 月至次年 3 月处于结冰期，蒸发量小。水面蒸发量最小月一般出现在气温最低的 12 月和 1 月。春季风大，气温较高，蒸发量增大，各站多年平均最大水面蒸发量多数出现在 6 月。

表 2-5　银北灌区各县（区）分区多年平均水面蒸发量

地级市	县（区）	计算面积/ km^2	水面蒸发量（E601）		陆地蒸发量/ mm	干旱指数/ r	径流深/ mm	降水深/ mm
			亿 m^3	mm				
银川市	银川市区	1 660	20.70	1 247	165	6.9	16.7	182
	永宁县	1 011	11.90	1 177	160	6.7	17.2	177
	贺兰县	1 208	13.35	1 105	188	5.2	24.3	212
	小计	3 879	45.95	1 185	174	171	19.2	190
石嘴山市	大武口区	922	12.18	1 321	166	6.8	27.8	194
	平罗县	2 070	25.20	1 217	171	6.4	19.6	191
	惠农区	1 100	15.08	1 371	156	7.9	18.0	174
	小计	4 092	52.46	1 282	166	6.9	21.0	187
灌区合计		7 971	98.41	1 235	168	6.6	20.1	188

2.陆地蒸发

陆地蒸发为土壤蒸发、植物散发和地面水体蒸发综合值,即流域或区域内的总蒸发量。陆地蒸发与降水、河川径流和地下水径流有密切的关系。山丘区河流如果河床切割较深,地表水与地下水的分水岭基本为一致的闭合流域,在多年平均情况下,地下水的蓄变量 ΔW 为零。根据水量平衡原理,多年平均陆地蒸发量 E 可用多年平均年降水量 P 与多年平均河川径流量 R 的差值求得,即 $E=P-R$。银北灌区陆地蒸发量取值介于 100~240 mm。降水量大的地区,陆地蒸发值相应也大。贺兰山地为一个高值中心,中心值为 300 mm左右。引黄灌区年降水量 179 mm,若无黄河水影响,年径流深在 2 mm 左右,则天然条件下陆地蒸发量在 177 mm 左右,由于灌区大量引用黄河水,实际陆地蒸发量要大于降水量达 500 mm 左右。

银北灌区多年平均陆地蒸发量 168 mm,蒸发总量 13.39 亿 m³,占宁夏全区陆地蒸发量的 9.6%。

2.3.2.3 干旱指数

干旱指数 r 是反映气候干湿程度的指标,用年蒸发能力 E(E601 型蒸发值代替)与年降水量 P 的比值表示,即 $r=E/P$。当 $r<1$ 时,降水大于蒸发能力,为湿润;当 $r>1$ 时,蒸发能力超过降水为干燥。r 值愈大,愈干旱。银北灌区各地、各分区干旱指数均大于 1。

干旱指数的分布规律:干旱指数变化的总趋势与降水量相反,年降水量大的地区,r 值小;反之则大。灌区内贺兰山为降水高值中心,即 r 值为较小的低值区。银北灌区全灌区多年平均干旱指数 $r=6.6\geqslant3.0$,属干旱区。

2.4 水文地质

2.4.1 区域水文地质特征

银北灌区新生代地层发育,总厚度 3 000~4 000 m,构成银北平原主体的冲湖积平原总面积 3 000 km² 以上,其上部由全新统湖积层、冲积层覆盖,厚30~100 m,下部为上更新统湖积层、冲积层,厚度在 200 m 以上。上部全新统湖积层、冲积层岩性以细砂、粉细砂为主,表部由 2~5 m 厚的亚黏土、亚砂土构成弱透水层,其下至隔水底板为一厚 20~40 m 的细砂、粉细砂含水层,表现了典型的湖积、河漫滩堆积的特征。

银川平原地层结构与含水岩组具有明显的水平与重直分带特征,从山前至黄河(西东向),由山前倾斜平原过渡为冲湖积平原、冲积平原,地层岩性由卵石、砾石、中粗砂逐渐过渡为粉细砂与黏性土层,岩性由粗到细,由"单元"地层结构渐变为"多元"地层结构,由地层结构决定的含水岩组,也由洪积含水岩组、冲洪积含水岩组变为冲湖积含水岩组、冲积含水岩组。含水岩组岩性变细,厚度变小,因而水量减少,并由"单一潜水型"转为"潜水-弱承压水型"。由南往北,沿黄河流动方向,地层岩性也具有由粗变细、黏性土层厚度增加的趋势,与其相应,含水岩组的岩性变细,厚度变小,储水量减少。

银北平原地下水埋深分布受地势、人为开采、水利工程设施(渠系、排水沟)及黄河等因素的影响,地区的变化性较大。地下水埋深小于 1 m 的地区约占银北平原的 8%,主要分布在惠农的西永固乡、平罗县的高庄乡和姚伏乡、贺兰县的掌政乡;地下水埋深在 1~1.5 m 的地区约占银北平原的 45%,平罗县及惠农区的大部分地下水埋深属于此区;地下水埋深在 1.5~2.0 m 的地区约占银北平原的 30%,主要分布在银川市、贺兰县东部和平罗县城及灵沙乡一带;地下水埋深大于 2 m 的地区约占该区的 17%,主要分布在贺兰县城东、银川老城区及山前一带。

银北地区地质构造及地貌均具有半封闭蓄水盆地特征,地下水的循环要件受地质、地貌等自然因素与人类活动的影响。

贺兰山区,由中—古生代碎屑岩组成基岩裂隙水带,接受大气降水的补给,该区降水量相对较大,而且植被繁茂,地下水较为丰富,侧向径流补给山前洪积倾斜平原,构成了该区地下水循环的补给区。

山前洪积斜平原,地下水补给以山洪沟流入渗为主,其次为降水入渗、侧向径流及少量灌溉入渗,该区含水层岩性以砾石、砂砾石为主,透水性好,地形倾斜,水力坡度较大,水体交替积极,排泄以侧向径流为主,再次为开采及蒸发,是该区地下水循环的径流区。

冲洪积平原、河湖积平原,地下水补给以渠系渗漏及灌溉入渗为主,其次为降水入渗,侧向径流补给微弱,该区地势低洼,地下水浅埋,径流不畅,地下水排泄大部分为潜水蒸发,导致表层土壤盐渍化严重,构成了该区地下水循环的排泄区。

2.4.2　河流水系

银北灌区均属黄河流域,其地表水主要有过境黄河及其支流,包括贺兰山东麓诸沟及黄河右岸诸沟等。

根据宁夏回族自治区水文水资源勘测局资料,黄河在银北灌区的过境长度约 120 km,多年平均年径流量青铜峡站为 303.3 亿 m³,石嘴山站为 281.2 亿 m³,进入石嘴山多年平均实测流量 998 m³/s,含沙量 3.12 kg/m³。黄河流量具有丰枯交替的特征,枯水期在 4 月下旬至 6 月下旬,汛期为 8—10 月,冰冻期在 12 月下旬至次年 3 月初。

　　银北灌区贺兰山东麓山势陡峭,植被稀疏,有大小山洪沟(苏峪口沟、大水沟、小水沟、大武口沟、大风沟、柳条沟等)约 60 条,其中 6 条山洪沟的流域面积大于 50 km²。贺兰山东麓诸沟沟短坡陡,区域暴雨洪水频繁,突发性强,极易对下游平原区造成洪水灾害。自 20 世纪 60 年代以来,政府组织修建了多处滞洪区,有效保障了下游地区防洪安全。

　　黄河右岸诸沟在银北灌区分布很少且流域面积较小,主要有银川市的冰沟及平罗县的都思兔河等 13 条,其中银川市境内黄河右岸诸沟流域面积 344 km²,主要沟道有冰沟等 8 条,除冰沟集水面积为 72 km² 外,其余沟道集水面积均小于 20 km²;平罗县境内黄河右岸诸沟流域面积 440 km²,主要沟道有都思兔河等 5 条,都思兔河流域面积主要在内蒙古自治区,从宁夏境内入黄河,该河上游无常流水,下游有右岸灌区灌溉回归水汇入。其他沟道内均无常流水,属季节性河流。

2.4.3　灌排渠沟系统

　　银北灌区有 4 条引水干渠,分别为唐徕渠、汉延渠、惠农渠、西干渠,见图 2-4,在青铜峡枢纽坝下河西总干渠引水;灌区有第二农场渠、滂渠、官泗渠、大清渠、泰民渠等支干渠。引水渠道流经青铜峡、永宁、银川、贺兰、平罗、

(a)唐徕渠

(b)汉延渠

(c)惠农渠

(d)西干渠

图 2-4　银北灌区干渠

惠农,设计引水能力 387 m³/s,干渠总长 727.3 km,砌护长度 100.8 km,砌护率13.9%。灌区主要排水沟有第一排水沟、第二排水沟、第三排水沟、第四排水沟、第五排水沟、中干沟、永清沟、永干二沟、银东沟、银新干沟、四二干沟以及陶乐排水系统(高仁镇沟、马太沟、六顷地沟、五堆子沟、红崖沟、月牙湖沟、林场干沟、六大沟干沟、东沙干沟)。

唐徕渠:是宁夏引黄灌区古老的干渠之一,全长 314 km,经贺兰县八一桥进入石嘴山市,流经境内 48 km,测点最大流量 21.7 m³/s,正常流量 18.4 m³/s,年引水量 1.57 亿 m³。根据本次实测资料,在勘查区内衬砌长度 6.422 km。

汉延渠:灌区内干渠全长 88.6 km(总长 101.5 km),最大引水量 80 m³/s,年供水量 5.3 亿 m³,承担银川市兴庆区和贺兰县域内部分农田的灌溉供水任务。

惠农渠:是银川平原农田灌溉主要干渠之一,全长 139 km,经贺兰县清水堡进入石嘴山市平罗县,在惠农区尾闸入第五排水沟,流经境内 53.6 km,设计流量 125 m³/s,最大引水流量 97 m³/s,入平罗县境引水正常流量 45 m³/s,年引水量 5.421 亿 m³,在勘查区内衬砌长度 22.893 km。

西干渠:由河西总干渠引水,沿贺兰山东麓洪积扇边缘北行,止于平罗县崇岗镇暖泉村,尾水进入第二农场渠,渠道全长 112.7 km。渠首限制引进流量60 m³/s,灌溉面积 82 万亩。

第二农场渠:是唐徕渠的支干渠,于崇岗镇暖泉村入平罗县境,全长 83 km,最大引水流量 23 m³/s,流经境内 53.28 km,境内正常流量 10 m³/s,年平均引水量 1.62 亿 m³,境内衬砌长度 10.956 km。

昌润渠、溏渠、官泗渠:是惠农渠支干渠,昌润渠全长 47.4 km,在蔡家桥进口闸最大可引流量 10 m³/s。溏渠自蔡家桥分水闸至梢闸全长 27.1 km,闸口最大引水流量 10 m³/s。官泗渠自惠农渠的永治闸至梢闸泄入第五排水沟,全长 23 km,闸口引水量 5 m³/s。

大清渠、泰民渠:大清渠是唐徕渠的支干渠,在唐徕渠进水闸东侧分水,最大引水流量 20 m³/s,全长 23.5 km,灌溉面积 6 万亩;泰民渠是西干渠和惠农渠的支干渠,由泰宁渠与民生渠合并,渠长 28 km,灌溉面积 3.2 万亩。

第三排水沟:沟首起于银川市西夏区东北的西湖北端,经贺兰县常信堡西进入石嘴山市平罗县西大滩,至惠农区汇入黄河,全长 88.8 km,控制排水面积 156.46 万亩,年均排水量 1.72 亿 m³,排水能力 30.8 m³/s。

第五排水沟:沟首起于贺兰县立岗堡张亮湖,自四二干沟涵洞平罗贺兰交界处进入石嘴山市平罗县,至惠农区汇入黄河,全长 87.2 km,控制排水面积61.5 万亩,年均排水量 1.015 亿 m³,排水流量上段 1.17 m³/s、下段 37.49 m³/s。

第六排水沟:沟首起于平罗县东永惠村,至惠农区庙台乡,在乐土岭子以下入第五排水沟,全长 28.4 km,年排水量 0.767 4 亿 m³,控制排水面积约 20 万亩,排水流量 3.42 m³/s。该沟地处典型的低洼地带,主要排泄地下水与灌溉余水。另外,陶乐灌区排水沟年均排水量 0.09 亿 m³。

2.5　土壤与作物

银北灌区自然条件复杂,灌溉历史悠久,受长期灌溉耕作影响,形成潮土、灌淤土、盐渍土、淡灰钙土,耕地中灌淤土所占比例最大,成土母质为冲积、洪积淤积物,土壤剖面多为上黏下沙或下黏上沙,土壤质地以中壤土、轻壤土、沙壤土为主,耕作层土壤干密度 1.4~1.5 g/cm³,0~20 cm、20~40 cm、40~60 cm 平均田间持水率(质量含水率)分别为 20.88%、23.87%、22%,土壤全盐量介于 0.48~0.93 g/kg,适于农业耕作。

灌区内植被覆盖度较高,尚未开垦的荒地以草原植被为主,积盐干旱区以旱生灌木和半灌木为主,分布稀疏,覆盖度仅为 10%~40%。农田主要种植水稻、小麦、玉米三种粮食作物,向日葵和胡麻两种油料作物,以及蔬菜、瓜果、青饲料等经济作物,粮食作物种植面积占 50%,经济作物种植面积占 50%,2021 年灌区农作物种植面积见图 2-5。

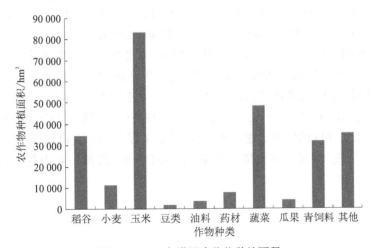

图 2-5　2021 年灌区农作物种植面积

灌区耕地面积 226 746 hm²,园地面积 18 458 hm²,林地面积 88 000 hm²,草地面积 224 619 hm²,城镇村及工矿用地面积 95 212 hm²,交通运输用地面积 19 491 hm²,水域及水利设施用地面积 82 923 hm²。

2.6 社会经济

银北灌区所辖区域包括银川市(除灵武市外)和石嘴山市,光热资源丰富、引黄灌溉条件便利、农耕历史悠久,是宁夏回族自治区乃至我国重要的粮食生产基地。经济发展相对较快,人民生活相对富裕,灌区的工农业生产总值及国内生产总值、人均财政收入、农民家庭人均纯收入和生活消费支出等均明显高于宁夏回族自治区南部非引黄灌区,已成为宁夏的政治、经济、文化、交通、商业、物流中心。

据统计,截至 2021 年底,银北灌区人口 333 万,人均农、林、牧、渔业总产值 7 948.57 元,人均粮食产量 467.58 kg,人均油料产量 8 kg,人均猪肉产量 6.69 kg,人均牛肉产量 8.5 kg,人均羊肉产量 10.96 kg,人均水产品产量 48.38 kg,城镇常住居民人均可支配收入 39 480 元,农村常住居民人均可支配收入 18 231 元。灌区农牧业发达,农、林、牧、渔业总产值分别为 1 182 685 万元、14 105 万元、645 373 万元、187 237 万元。灌区水稻、小麦、玉米、豆类、油料、药材、蔬菜、瓜果年产量分别为 26.73 万 t、7.86 万 t、72.16 万 t、1 600 t、1.26 亿 t、3.37 亿 t、184.6 亿 t、19.1 亿 t。灌区畜牧业发达,2021 年牛、猪、羊出栏数分别为 13.34 万只、17.5 万只、106.23 万只,牛肉、猪肉、羊肉总产量分别为 2.23 万 t、1.39 万 t、1.91 万 t;牛奶和禽蛋产量分别为 84.09 万 t 和 2.72 万 t。此外,灌区 2021 年水产养殖面积 15 982 hm²,养殖捕捞量 12.45 万 t。

在国家的大力支持下,近年来银北灌区的农业生产条件得到极大改善,生产水平有了显著提高。2021 年灌区农业总产值达到 118.27 亿元,农业经济结构以种植业为主,牧业次之,林业、渔业的生产水平较低。

21 世纪以来,尤其在黄河流域生态保护和高质量发展先行区建设的战略背景下,银北灌区的经济迅速发展,逐步形成了煤炭、电力、机械、冶金、化工、建材、轻纺、皮革、仪器等以能源工业、高耗能工业、机械工业为骨干的工业体系。

第3章　地表水资源

银北灌区地表水资源包括当地的地表水资源和黄河客水资源两部分。据统计,银北灌区多年平均降水量14.67亿 m³,当地多年平均地表水资源量仅1.34亿 m³,径流深17.55 mm,地下水资源量5.95亿 m³,黄河下河沿断面实测多年平均入境水量306.8亿 m³,石嘴山断面出境水量281.2亿 m³,进出境差25.6亿 m³。根据2022年宁夏水资源公报,2022年西干渠、唐徕渠、汉延渠、惠农渠引水量分别为4.536亿 m³、9.191亿 m³、3.055亿 m³、6.846亿 m³,惠农小扬水和陶乐灌区扬水分别为0.207亿 m³和0.811亿 m³。

3.1　主要沟道地表水资源量

银北灌区属黄河流域,其地表水主要有过境黄河及其支流,包括贺兰山东麓诸沟及黄河右岸诸沟等。灌区内共有沟道103条,其中实测有常流水的沟道仅15条,多为季节性河流,主要分布在贺兰山东麓等地。灌区内诸沟的流域面积均很小,大于200 km²的仅都思兔河和大武口沟2条。银北灌区各县(区)集水面积大于200 km²的河流沟道分布见表3-1。银北灌区贺兰山东麓沟道90条,常过水沟道14条;黄河右岸沟道13条,常过水沟道1条。银川市区贺兰山东麓沟道和黄河右岸沟道分别为24条和8条,银川市区贺兰山东麓沟道和黄河右岸沟道常过水沟道均为1条;平罗县贺兰山东麓沟道和黄河右岸沟道分别为13条和5条,平罗县贺兰山东麓常过水沟道3条。银北灌区各行政分区沟道和常过水沟道数量统计见图3-1。

表 3-1　银北灌区各县(区)集水面积大于200 km²的河流沟道一览

县(区)	水系	河名	发源地点	汇入地点	集水面积/km²	河道长度/km	平均坡降/‰
平罗	黄河右岸诸沟	都思兔河			8 326	165.8	1.5
大武口区	贺兰山东麓	大武口沟	阿左旗毕力格其乌拉		574	52.5	11.1

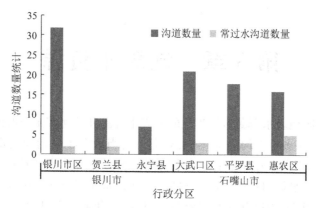

图 3-1　常过水沟道数量统计

3.1.1　贺兰山东麓诸沟

银北灌区贺兰山东麓诸沟各县(区)实测常流水河流见表 3-2。贺兰山东麓大部分地区分布淡水资源,水质优劣相间。北段各沟道水质差异较大,其中小口子沟至小水沟、汝箕沟水质较好,可以饮用;中段分布重碳酸盐型及硫酸盐型或钠型水,水质尚好,可供人畜饮用;南段除庙山湖沟外其他均为季节性河流,这些沟道汛期来水水质较差,不适于饮用,但可供农林灌溉和牲畜饮用。

贺兰山东麓诸沟分布于银北灌区各县(区)情况具体如下。

3.1.1.1　银川市

银川市境内贺兰山东麓诸沟流域面积 461 km²,主要沟道包括黄渠口沟、甘沟等 17 条。各沟道集水面积均小于 50 km²。

境内仅小口子沟有常流水,实测流量 0.01 m³/s。抽检其水质优于Ⅲ类标准,可作为饮用水源。

3.1.1.2　贺兰县

贺兰县境内贺兰山东麓诸沟流域面积 401 km²,主要沟道包括苏峪口沟、贺兰口沟等 6 条。其中,苏峪口沟集水面积 51 km²,其余各沟道集水面积均小于 50 km²。

境内仅贺兰口沟、苏峪口沟有常流水,其余沟道均无常流水,为季节性沟道。贺兰口沟实测流量 0.076 m³/s,苏峪口沟实测流量为 0.018 m³/s。苏峪口沟常流水主要用于苏峪口沟口旅游区绿化灌溉、滚苏公路两侧绿化灌溉、金山乡部分人畜饮水(供水人口约 200 人)等。贺兰口沟常流水主要用于贺兰口沟口旅游区绿化灌溉、旅游区人畜饮水。抽检贺兰口沟水样,其水质优于《地表水环境质量标准》(GB 3838—2002)Ⅲ类标准,可作为饮用水源。

表 3-2 银北灌区贺兰山东麓诸沟各县（区）实测常流水沟流一览

县（区）	序号	流域	二级	断面	流出去向	坐标 东经	坐标 北纬	地点	实测流量/（m³/s）	调查时间	矿化度/（mg/L）
银川	1	贺兰山东麓	小口子	沟口断面	景区及绿化用水	105°58′	38°36′	银川市镇北堡化小口子	0.01	2020 年 2 月	178
贺兰	2	贺兰山东麓	贺兰口	沟口断面	入山前坡地	106°01′	38°45′	贺兰县洪广镇金山村	0.076	2020 年 1 月	232
	3	贺兰山东麓	苏峪口	沟口断面	景区及金山人饮用水	105°59′	38°43′	贺兰县洪广镇金山村	0.018	2020 年 1 月	267
大武口	4	贺兰山东麓	大风沟	沟口断面	汇入长胜墩拦洪库	106°17′	39°00′	大武口区长胜墩办事处潮滩村	0.059	2019 年 12 月	912
	5	贺兰山东麓	归德沟	沟口断面	汇入大武口拦洪库	106°20′	39°03′	大武口区小溪子村武事当苗以南	0.03	2019 年 12 月	330
	6	贺兰山东麓	龙泉山庄	沟口断面	汇入大武口拦洪库	106°17′	38°58′	大武口区长胜办事处九泉村	0.012	2019 年 12 月	354
平罗	7	贺兰山东麓	小水沟	沟口断面	汇入镇朔湖拦洪库	106°13′	38°55′	平罗县崇岗乡崇岗村西北	0.056	2019 年 12 月	360
	8	贺兰山东麓	汝箕沟	沟口断面	汇入第二次场渠	106°15′	38°57′	平罗县崇岗乡汝箕沟沟口	0.052	2019 年 12 月	446
	9	贺兰山东麓	劳巴沟	沟口断面	入劳巴沟潜藏潜坝	106°32′	39°07′	惠农区燕子墩乡苦水沟以南	0.007	2019 年 12 月	1 390
惠农区	10	贺兰山东麓	柳条沟	沟口断面		106°40′	39°20′	惠农区燕子墩乡卡子村	0.082	2019 年 12 月	1 180
	11	贺兰山东麓	正谊关沟	沟口断面		106°39′	39°17′	惠农区园艺乡化工厂西南	0.014	2019 年 12 月	540
	12	贺兰山东麓	大王泉沟	沟口断面	汇入燕窝池拦洪库	106°33′	39°09′	惠农区红果子乡罗家园子村	0.016	2019 年 12 月	550
	13	贺兰山东麓	小王泉沟	沟口断面	汇入燕窝池拦洪库	106°34′	39°09′	惠农区红果子乡罗家园子村	0.014	2019 年 12 月	410
	14	贺兰山东麓	大水沟	沟口断面	汇入镇朔湖拦洪库	106°29′	39°05′	惠农区简泉农场以北	0.12	2019 年 12 月	322

3.1.1.3 永宁县

永宁县境内贺兰山东麓诸沟流域面积共计 316 km²,主要沟道包括榆树沟、三期沟等 7 条。各沟道集水面积均小于 50 km²。境内贺兰山东麓无常流水沟道。

3.1.1.4 大武口区

大武口区境内贺兰山东麓诸沟流域面积 802 km²,主要沟道包括大武口沟、大风沟等 8 条。其中大武口沟集水面积 574 km²,大风沟集水面积 154 km²,其余各沟道集水面积均小于 50 km²。境内大风沟、归德沟、韭菜沟有常流水。

大风沟:建有截潜坝,沟口处还建有蓄水池 3 座,建成于 1997—1998 年,3 座蓄水池年蓄水量 61 万 m³,实测流量 0.059 m³/s。另建有导洪工程,于 2008 年建成,将汝箕沟与大峰沟之间沟道洪水由导洪堤导入大风沟,并最终汇入星海湖南域。抽检水样显示:SO_4^{2-} 超标 40%,水质尚可,其水体经处理后可作为饮用水源。

归德沟:建有截潜工程,建成于 2006 年 10 月,主要用于大武口城市用水,实测流量 0.030 m³/s。抽检水样显示:其水质优于Ⅲ类标准,水质优良。

韭菜沟:上游有泉眼出露,水质较好,主要用于北武当庙生活用水。韭菜沟至下游汇入归德沟,名为归韭沟。

3.1.1.5 平罗县

平罗县境内贺兰山东麓诸沟流域面积 357 km²,主要沟道包括大水沟、小水沟等 7 条。其中,大水沟集水面积 140 km²,小水沟集水面积 73 km²,其余各沟道集水面积均小于 50 km²。境内大水沟、小水沟和汝箕沟有常流水。

大水沟:大水沟上建有截潜坝及蓄水池,全年蓄水量在 200 万 m³ 左右,截潜水量主要用于平罗县西区城市供水,实测流量 0.12 m³/s。

小水沟:小水沟上建有截潜坝,于 20 世纪 80 年代建成,截潜水量主要用于 1 000 亩农田灌溉及 500 人农业人口用水,实测流量约为 0.056 m³/s。

汝箕沟:汝箕沟上建有涝坝,蓄水主要用于下游长胜村农业灌溉。沟口设有水文站常年监测沟道流量,多年平均径流量 329.6 万 m³。

经抽检水样,大水沟、小水沟和汝箕沟 3 条沟道的水质均优于Ⅲ类标准,可作为饮用水源。

3.1.1.6 惠农区

惠农区境内贺兰山东麓诸沟流域面积 698 km²,主要沟道包括柳条沟、正谊关沟等 14 条。其中,柳条沟集水面积 121 km²,其余各沟道集水面积均小于

50 km²。境内涝巴沟、柳条沟、正谊关沟、大王泉沟、小王泉沟、龙泉山庄沟为常流水沟道。

涝巴沟:建有截潜坝一座,于 1990 年建成,实测流量 0.007 m³/s。涝巴沟截潜坝曾经作为大武口区燕子墩简泉村一队生活用水水源,现主要用于灌溉附近 200 亩农田。抽检涝巴沟水质指标 SO_4^{2-}、矿化度、总硬度分别超标 1.8 倍、50%、40%,水质较差,不能直接饮用,但其水体经处理后可作为饮用水源。

柳条沟:上游有泉眼出露,实测流量 0.082 m³/s,沟上有一截潜坝,于 1980 年建成,其水质满足生活饮用水标准,为周边提供生活用水。

正谊关沟:上游有泉水出露。20 世纪 70 年代在沟道上建成截潜坝,主要为惠农区火车站提供生活用水,实测流量 0.014 m³/s。

大王泉沟:现从上游黑水沟截潜常流水,用于灌溉罗家园子村农田。

龙泉山庄泉水:上游有泉眼出露,曾作为周边村民饮用水及煤矿用水,现当地群众已改用地下水。

惠农区建有燕窝池滞洪区,境内沟道洪水最终全部汇入燕窝池滞洪区。其中,南部大王泉沟、黑水沟、小王泉沟洪水较大,洪水汇合后经导洪堤分流,60% 经南部出口进入燕窝池滞洪区,40% 经北部出口进入燕窝池滞洪区。小南沟、庆沟、偷牛沟等若干小山洪沟汇集后直接进入燕窝池滞洪区。白虎洞沟汇入红果子沟后进入燕窝池滞洪区。

3.1.2 黄河右岸诸沟

黄河右岸诸沟在银北灌区分布很少且流域面积较小,主要有银川市的冰沟及平罗县的都思兔河等 13 条,区内集水面积 784 km²。其中,银川市境内黄河右岸诸沟流域面积 344 km²,平罗县境内流域面积 440 km²。

黄河右岸诸沟分布于银北灌区各县(区)情况具体如下。

3.1.2.1 **银川市**

银川市境内黄河右岸诸沟流域面积 344 km²,主要沟道有冰沟等 8 条。除冰沟集水面积为 72 km² 外,其余沟道集水面积均小于 20 km²。

银川市境内黄河右岸除冰沟外,其他诸沟无常流水。冰沟水质指标 SO_4^{2-}、Cl^-、矿化度、总硬度依次分别超标 3.9 倍、1.9 倍、1.0 倍、70%,水质较差,在缺水地区,仅可灌溉农田,不宜饮用。

3.1.2.2 **平罗县**

平罗县境内黄河右岸诸沟流域面积 440 km²,主要沟道有都思兔河等 5 条。都思兔河上游无常流水,下游有常流水主要为右岸灌区灌溉回归水。其他沟道内均无常流水,为季节性河流。

3.2　地表水资源量分布特征

地表水资源量是指区域内由降雨形成的河流、湖泊、水库等地表水体的动态水量,其定量特征为河川径流量。河川径流量是总水资源量中最重要的组成部分,规划设计各种供水工程或进行水资源配置,都必须以年径流的分析成果作为基本依据。结合 1975—2019 年系列径流资料,按行政分区计算银北灌区地表水资源量。

3.2.1　分区地表水资源量

银北灌区地表水资源量较少,大多数沟道均无常流水,属季节性河流,在平水年份和枯水年份,小洪水补给湖泊、湿地等,经蒸发消耗;在丰水年份,大洪水部分汇入排水沟,难以存蓄使用。经还原分析计算,银北灌区多年平均天然地表水资源量为 1.605 亿 m³,占宁夏全区天然地表水资源量(9.493 亿 m³)的 16.9%,多年平均径流深 20.1 mm。根据 2022 年宁夏水资源公报,银北灌区各县(区)分区地表水资源量见表 3-3。

表 3-3　银北灌区各县(区)分区地表水资源量统计

地级市	县(市)	计算面积/km²	降水量/亿 m³	降水深mm	径流量/亿 m³	径流深/mm	径流系数/α
银川市	银川市区	1 791	3.401	190	0.306	17.1	0.09
	贺兰县	1 186	2.447	206	0.269	22.6	0.11
	永宁县	925	1.673	181	0.167	18.1	0.10
石嘴山市	大武口区	935	1.711	183	0.240	25.7	0.14
	平罗县	2 049	3.677	179	0.368	17.9	0.10
	惠农区	1 058	1.760	166	0.176	16.6	0.10
灌区		7 944	14.669		1.526	20.1	0.10

银北灌区各行政分区中,平罗县多年平均地表水资源量最多,为 0.368 亿 m³,平均径流深 17.9 mm;永宁县地表水资源量最少,为 0.167 亿 m³,平均径流深 18.1 mm。

3.2.2　年内年际分布特征

银北灌区地表水资源量的主要构成是沟道(河川)径流量,其年内分配不均,主要取决于来水的补给条件。银北灌区河川径流量的主要补给来源为降水,径流的季节变化与降水的季节变化关系密切。由于 70% 以上的降水集中在汛期 6—9 月,因此灌区大部分径流集中在汛期,占全年的 70%~80%。冬季(11 月至次年 3 月)由于降水较少,径流主要依靠地下水补给,冬季径流量仅占年径流量的 20% 左右。8 月径流量最大,占年径流总量的 20%~40%。1 月径流量最小,占年径流总量的 2%~4%。全年径流最大月与最小月相差 10~40 倍。夏粮作物主要生长期(4—6 月)径流量一般占年径流量的 15% 左右。汛期暴雨集中,往往产生局部暴雨洪水,引发局地洪灾。单站年径流量月分配的不均匀性比降水量还大。银北灌区主要站点大武口水文站年径流量月分配情况见图 3-2。

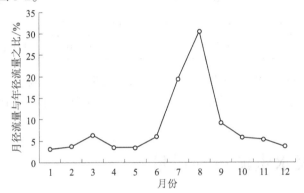

图 3-2　大武口沟大武口水文站年径流量月分配情况

径流的年际变化主要取决于降水的年际变化,还受到流域地貌、地质等条件的综合影响。银北灌区径流量的年际变化较大。C_v 值介于 0.43~0.78,银北灌区沿黄河两岸及其以北地区(贺兰山除外)C_v 值最大,尤其是一些季节性河流,大部分时间河道处于干涸状态,遇暴雨产生洪水,C_v 值高达 0.8 以上。

3.3　地表水资源量水质特征

分析得到银北灌区矿化度小于 2 g/L 的地表水分布面积为 7 187 km²,占灌区总面积的 90.2%;径流量为 1.584 亿 m³,占灌区总径流量的 98.7%。灌区矿化度介于 2~5 g/L 的咸水分布面积为 784 km²,占灌区总面积的 9.8%;径流量为 0.021 亿 m³,占灌区总径流量的 1.3%。灌区水质整体较好,绝大部分是矿化度小于 2 g/L 的可利用淡水资源,但水资源量较少,仅 1.584 亿 m³,且较为分散,难以实现集中、大规模利用。银北灌区各县(区)不同水质的地表水资源量见表 3-4。

表 3-4　银北灌区各县(区)不同水质的地表水资源量

地级市	县(区)	<2 g/L		2~5 g/L		合计	
		面积/ km²	径流量/ 亿 m³	面积/ km²	径流量/ 亿 m³	面积/ km²	径流量/ 亿 m³
银川市	银川市区	1 316	0.268	344	0.01	1 660	0.278
	永宁县	1 011	0.174			1 011	0.174
	贺兰县	1 208	0.294			1 208	0.294
石嘴山市	大武口区	922	0.256			922	0.256
	惠农区	1 100	0.198			1 100	0.198
	平罗县	1 630	0.394	440	0.011	2 070	0.405
总计		7 187	1.584	784	0.021	7 971	1.605

从分布上看,矿化度小于 2 g/L 的淡水在银北灌区分布较广;矿化度介于 2~5 g/L 的咸水主要分布在银川市区和平罗县;灌区内未发现矿化度大于 5 g/L 的苦咸水分布。

3.4　地表水资源可利用量

水资源可利用量是从资源的角度分析可能被消耗利用的水量,是在可预见的时期内统筹考虑河道内生态环境和其他用水的基础上,通过经济合理、技术可行的措施,在流域(或水系)地表水资源量中,可供河道外生活、生产、生态用水的一次性最大水量(不包括回归水的重复利用)。

3.4.1　地表水资源可利用量的分析方法

地表水资源量包括不可以被利用水量和不可能被利用水量。不可以被利用水量指为避免造成生态环境恶化而不允许利用的水量,即必须满足的河道内生态环境用水量;不可能被利用水量是指受一系列因素和条件限制,无法被利用的水量,主要包括:超出工程最大调蓄能力和供水能力的洪水量,在可预见时期内因工程经济技术性影响或超出最大用水需求而不可能被利用的水量等。

银北灌区属我国西北内陆淡水资源短缺地区,多年平均地表水资源可利用量采用倒算法计算。

倒算法是采用多年平均地表水资源量减去不可以被利用水量和不可能被

利用水量中的汛期下泄洪水量的多年平均值,得到多年平均水资源可利用量,表达式为

$$W_{SA} = W_D - W_{RE} - W_F \tag{3-1}$$

式中:W_{SA} 为地表水可利用量,亿 m^3;W_D 为地表水资源量,亿 m^3;W_{RE} 为河道内最小生态环境需水量,亿 m^3;W_F 为洪水弃水量,亿 m^3。

3.4.2　银北灌区地表水资源可利用量

银北灌区天然地表水资源量为 1.605 亿 m^3,占宁夏全区天然地表水资源量(9.493 亿 m^3)的 16.9%,多年平均径流深 20.1 mm。由于区域内降水年内分配不均,主要集中在 8—10 月,多以暴雨、洪水形式出现,难以拦蓄而无法利用,本书参考《宁夏回族自治区水资源调查评价》结果,不考虑区域地表水资源可利用量。

第 4 章 地下水资源

地下水资源量主要指与地表水体有直接补给或排泄关系的地下水量,即参与现代水循环而且可以不断更新的地下水量。基于野外试验资料和长期的地下水动态观测资料,分析计算不同水文地质单位或水文地质亚区的有关水文地质参数,探究大气降水、地表水、土壤水及地下水"四水"转化及地下水的补、排关系。探索大规模人类活动影响地下水资源的时空分布和动态变化规律,分析和计算地下水资源量、补给量和可开采资源量等。

银北灌区横跨贺兰山与黄河冲积平原两大地貌单元,这种格局在一定程度上影响着地下水的构成与分布。该区的地质构造、地貌和岩性结构等自然条件,有利于地下水的补给和贮存。受引黄灌溉的影响,灌区地下水资源相对丰富。地下水的贮存、分布、补给以及径流排泄,除受上述条件影响外,还受水文、气候和人为因素的综合影响,自西向东、自南向北,在垂直方向与水平方向上地下水资源都呈现出一定的差异性。灌区地下水的补给主要来自大气降水入渗补给、灌溉农田的渠道输水渗漏、田间灌溉入渗和山前地下径流;排泄方式主要为潜水蒸发、排水沟排泄和地下水开采等。地下水与黄河水的补排关系随丰枯期而变化,丰水期黄河水补给地下水,枯水期地下水补给黄河水。

灌区地下水的埋藏深度介于 $0.5 \sim 1.8$ m,含水层岩性为粉细砂和细砂。根据水资源综合规划地下水资源评价技术大纲要求和黄河水利委员会评价成果,灌区平原区矿化度 2 g/L 以下的地下水补给量为 22.48 亿 m^3/a,扣除黄河水利委员会分析得到黄河基流的补给量 8.48 亿 m^3/a,灌区平原区的地下水资源量为 14 亿 m^3/a;宁夏贺兰山区地下水资源量为 0.24 亿 m^3,宁夏引黄灌区地下水资源总量为 14 亿 m^3,占宁夏全区地下水资源总量(17.9 亿 m^3)的 78.4%,水质较好。

4.1 地下水贮存条件及分布规律

银北灌区位于贺兰山东麓山前倾斜平原孔隙水水文地质区,灌区处于一个地堑式断陷盆地,第四系堆积厚度达千米,构成了地下水贮存、运动的有利场所。水文地质条件由山麓至平原,由南向北,呈现明显的水平分带规律,即颗粒由粗变细,黏性土增加;在垂向上粗细相间呈多韵律结构。

灌区地下水贮存条件极好区主要分布于贺兰山东麓山前一带,含水层以洪积相的卵石、砾石为主,厚度大于 50 m,导水系数 T 约为 700 m³/d,给水度 μ 约为 0.25,大部分地区矿化度小于 1 g/L,部分地区的地下水矿化度介于 1~2 g/L,水质优良,水量丰富。灌区地下水贮存条件良好地区主要是贺兰山东麓的中部以及前缘大部分地区,该区的含水层岩性主要是砂砾石、中粗砂和中砂,厚度介于 20~50 m,导水系数 T 约为 300 m³/d,给水度介于 0.1~0.15,矿化度介于 1~2 g/L。贮存条件一般的地区是构成银北平原大部分的冲积平原区,该区含水层岩性以中细砂和细砂为主,厚度介于 20~40 m,导水系数 T 为 100~300 m³/d,潜水变幅带给水度 μ 约为 0.04,由于位于河湖积平原区,常得到承压水的补给,水量增加,矿化度介于 1~3 g/L。贮存条件差的地区主要是一些局部冲洪积平原区和河湖积平原区,这些地区含水层岩性以细砂和粉细砂为主,含水层厚度多小于 15 m,导水系数 T 小于 100 m²/d,潜水变幅带的给水度介于 0.02~0.045,大部分地区的地下水矿化度介于 2~3 g/L,局部地区地下水矿化度大于 3 g/L。

地下水的分布规律随含水层岩性的变化由单一潜水逐渐过渡为双层或多层结构,在 150 m 深度内通常分布 1~3 个含水层(组)。水文地质条件变化趋势见表 4-1。灌区承压水的补给条件远不如潜水,主要接受地下水侧向补给和上部潜水的越流补给。

表 4-1　水文地质条件变化趋势

类别	自西向东(由山前洪积倾斜平原往东至河湖积平原)	自南向北(自永宁至惠农)
含水层粒度	粗→细	
含水层富水性	大→小	
含水层层数	单一流水→多层水	
径流条件	简单(好)→复杂(差)	
地下水埋深	深→浅(甚至)	
排泄方式	径流(水平)→蒸发(垂直)	
矿化度	低→高	

4.2　含水岩组的特征及地下水类型的划分

地下水贮存和运动均发生在岩层孔隙,而岩层因含水层孔隙性状、发育程度、固结状况、层次组合及水理性质不同,其含水性、出水量及开采条件存在较大差异。根据含水岩层的类型、含水空间性状以及地下水运动条件的差异,可将银北灌区地下水划分为3种类型:松散岩类孔隙水、碳酸盐岩类裂隙岩溶水和基岩裂隙水。其中,松散岩类孔隙水是灌区地下水的主要类型,具有含水介质连续、分布广、资源量大、埋藏浅和开采方便等特点。根据不同地貌单元内沉积物成因类型与含水层的岩性在水平方向及垂直方向的差异,灌区地下水可进一步细分为贺兰山东麓山前洪积倾斜平原孔隙水、冲洪积倾斜平原孔隙水和冲湖积平原孔隙水。

4.2.1 贺兰山东麓山前洪积倾斜平原孔隙水

山前洪积倾斜平原孔隙水主要分布于贺兰山东麓山区与平原交接部位的狭长地带,由季节性洪流反复堆积的碎屑物质组成,呈现从近山口向前缘粒度由粗变细的普遍水平分带规律。岩性自西向东,由块石、碎石和砾卵石等粗粒碎屑厚层组成,并逐渐过渡为粗细相间的颗粒;交错沉积的中间带至前缘部位则以细粒为主,并呈现黏性土类层与透镜体。

山前洪积倾斜平原地下水位由深变浅,地下水由单一潜水过渡为双层结构的"潜水–承压水"。潜水主要受大气降水入渗、基岩山区裂隙水及山洪水入渗补给。地下水的排泄以水平侧向径流排泄为主,含水层厚度介于40~160 m。

4.2.2 冲洪积倾斜平原孔隙水

冲洪积倾斜平原孔隙水主要分布于洪积倾斜平原的前缘狭长地带,岩层粗细相间、犬牙交错,在150 m深度范围内,上部潜水、下部存在1~2层承压水。潜水含水层在岩性上较为单一,以砂层为主,中间夹黏性土构成潜水与承压水间的隔水层,广泛分布于冲洪积平原区。

潜水含水层厚度通常介于20~30 m,主要受渠系渗漏补给、田间灌溉入渗补给。由于地形自西向东逐渐趋于平缓,含水层以细砂和粉细砂为主,透水性较弱,因此地下水径流较洪积区滞缓,平均水力坡度为1/2 000。以银川市西夏区为界,北部地下潜流方向自西向东,南部地下潜流方向自西南向东北。地下水最终排泄至东部相邻的冲湖积含水层。

承压水含水层岩性以细砂和中细砂为主,厚度主要介于15~30 m,补给来源于洪积倾斜平原地下径流,并沿含水层大致由西南向东北排泄,径流条件较好,补排通畅,大部分地区的地下水矿化度小于1 g/L,水质较好、水量丰富。承压水接受潜水的越流补给及侧向地下水径流补给。受补给条件及补给周期的影响,区域承压水不宜过量开采。

4.2.3 冲湖积平原孔隙水

银北灌区的冲湖积平原分布最广,是银北灌区的主体,地势低平开阔,呈南北向展布且南高北低,平均坡降为 1/6 000,地表沟渠纵横交错。

因地处盆地之中,冲湖积平原第四系松散沉积物巨厚,垂直方向上由河湖相交区的沉积物叠置,在百米范围内形成较厚的综合层组。含水层岩性比较单一、稳定,以粉细砂为主,并在不同深度分布有厚度不均的黏性土夹层与透镜体,但大多数无法构成区域性的相对隔水层。其中分布范围较广,而且比较稳定的共有两层:第一层埋深介于 16~43 m,构成潜水含水层的底板,也是第一承压含水层的顶板;第二层埋深介于 40~85 m,构成第一承压含水层的底板,也是第二承压含水层的顶板。

潜水分布于整个冲湖积平原区内,含水层主要由全新统中初期的冲积与湖积相间粉细砂、细砂组成。岩性比较单一,厚度因地而异,通常介于 15~30 m。潜水补给以田间灌水入渗和渠系渗漏补给为主,其次为降水入渗补给,此外还有邻区地下径流水平侧向补给和越流补给。降水入渗补给明显受季节影响,主要补给期为 7—9 月,其降水入渗补给量仅占总补给量的 10% 左右。

承压水含水层以细砂为主,含水层厚度通常介于 20~50 m,含水层岩性由上更新统以湖相为主的细粉砂、粉细砂和细砂组成。西部边缘与洪积倾斜平原相邻的局部地区夹中砂、中粗砂及砂砾石透镜体。承压含水层富水性大致自西向东呈减少的趋势。

4.3 地下水循环条件

4.3.1 地下水的循环特征

灌区地下水循环贯穿于地下水的补给、径流与排泄的各个方面,揭示了地下水的转化规律。灌区地下水的循环条件除受地层岩性构造和地貌等自然因素的影响外,还受人类活动(地下水开采、地下水回灌等)的影响。灌区的地下水流域系统自西向东、自南向北呈现相互关联的循环分带;地下水主体循环方向自西向东,地下水循环由补给区至径流区最后为排泄区;地下水循环分支方向为南北向。

4.3.2 地下水补给、径流与排泄

灌区西部外围的贺兰山区,基岩构造裂隙发育、岩石破碎,有利于降水入渗补给。贺兰山区多年平均降水量超过 400 mm,居宁夏北部之首,为山前平原区年降水量的 1 倍多。较丰富的降水一部分沿构造裂隙渗入地下,形成地下径流;另一部分形成地表径流,汇集于沟谷,向山前排泄。贺兰山东麓分布100 余条沟道,沟谷深邃,切割了含水岩层,地下水可以泉的形式出露,并汇集于沟谷形成常流水的沟溪。贺兰山中段此类沟谷较多,沟谷以洪流散失或潜流补给山前洪积倾斜平原,构成了地下水循环补给区。

山前洪积倾斜平原,地下水补给以山洪沟入渗为主,其次为降水入渗补给,侧向径流补给及少量灌溉入渗补给。该区含水层岩性以砾石、砂砾石为主,颗粒粗大,透水性好,另外地势倾斜,水力坡度较大,水流交替积极,排泄以侧向径流为主,其次为地下水开采及潜水蒸发,构成地下水循环的径流区。

冲洪积平原、河湖积平原,地下水补给以灌溉入渗和渠系渗漏补给为主,其次为降水入渗补给,侧向径流补给能力较弱。区域地势低注,地下水埋藏较浅,径流不畅,地下水排泄主要为潜水蒸发,构成地下水循环的排泄区。

4.3.3 浅层地下水循环的"垂直交替"特征

灌区主要包括冲洪积平原和河湖积平原,第四纪松散堆积巨厚,构成巨大的倾水盆地构造,地势开阔低平,地下水的水力坡度为1/4 000~1/8 000,径流迟缓。灌区干燥少雨,蒸发强烈,地下水埋藏较浅。浅层地下水通过上部薄层砂黏土包气带及水位变幅带接受田间灌溉水、渠系渗漏水、大气降水入渗补给后,再主要以潜水蒸发的方式排泄,并伴随沟排、黄河侧向排泄等小型循环达到动态平衡状态。

综上所述,银北灌区由于地势低平、径流迟缓,浅层地下水的循环以垂直交替为主要特征。排泄以蒸发为主,大量地下水资源未得到充分利用。

4.4 地下水资源量

4.4.1 平原区地下水资源量

分析平原区近期各项补给量、排泄量,以各项补给量之和减去山前侧向补给量和井灌回归补给量作为平原区地下水资源量。

4.4.1.1　各项补给量的计算方法

补给量包括田间灌溉入渗补给量、渠系渗漏补给量、降水入渗补给量、井灌回归补给量和山前侧向补给量。

1.田间灌溉入渗补给量 $Q_{田灌}$

田间灌溉入渗补给量是指渠道引水进入农田后,入渗补给地下水的水量。田间灌溉入渗补给量利用式(4-1)计算:

$$Q_{田灌} = \beta Q_{渠田} \tag{4-1}$$

式中:$Q_{田灌}$ 为渠灌田间入渗补给量,万 m^3;β 为渠灌田间入渗补给系数;$Q_{渠田}$ 为渠灌进入田间的水量,万 m^3。

2.渠系渗漏补给量 $Q_{渠系}$

渠系是干、支、斗、农各级渠道的统称。渠系水位通常均高于其岸边的地下水位,故渠系渗漏水通常补给地下水。渠系渗漏补给量可利用渠系渗漏补给系数法计算,计算公式为

$$Q_{渠系} = m Q_{渠} \tag{4-2}$$

式中:$Q_{渠系}$ 为渠系渗漏补给量,万 m^3;m 为渠系渗漏补给系数,$m = r(1-\eta)$;$Q_{渠}$ 为渠道引水量,万 m^3。

3.降水入渗补给量 P_r

降水入渗补给量是指降水(包括坡面漫流和填洼水)渗入土壤并在重力的作用下渗透补给地下水的水量。降水入渗补给量可采用式(4-3)计算:

$$P_r = \alpha P F \tag{4-3}$$

式中:P_r 为降水入渗补给量,m^3;α 为降水入渗补给系数;P 为平均降水量,mm;F 为降水入渗计算面积,km^2。

4.井灌回归补给量 $Q_{井灌}$

井灌回归补给量是井灌水进入田间后,入渗补给地下水的水量。井灌回归补给量包括井灌过程中输水渠道的渗漏补给量,可利用式(4-4)计算:

$$Q_{井灌} = \beta_井 Q_{井田} \tag{4-4}$$

式中:$Q_{井灌}$ 为井灌回归补给量,万 m^3;$\beta_井$ 为井灌回归系数;$Q_{井田}$ 为井灌进入田间的水量,万 m^3。

5.山前侧向补给量 $Q_{山前侧}$

山前侧向补给发生在山丘区和平原区交界面上,山丘区地下水以地下潜流形式补给平原区浅层地下水。山前侧向补给量采用达西公式(4-5)计算:

$$Q_{山前侧} = KIALT \tag{4-5}$$

式中:$Q_{山前侧}$ 为山前侧向补给量,m^3;K 为含水层渗透系数,m/d;I 为垂直于剖

面的水力坡度;A 为单位长度剖面面积,m^2;T 为年计算时间,d。

4.4.1.2　各项排泄量的计算

地下水排泄量主要包括潜水蒸发量、浅层地下水实际开采量、侧向流出量和河道排泄量。

1.潜水蒸发量 E

潜水蒸发量指潜水在毛细管作用下,通过包气带岩土向上运移造成的蒸发量(包括棵间蒸发量和被植物根系吸收造成的叶面蒸散发量两部分)。潜水蒸发量采用潜水蒸发系数计算,计算公式为

$$E = CE_0 F \qquad (4-6)$$

式中:E 为潜水蒸发量,m^3;C 为潜水蒸发系数;E_0 为平均水面蒸发量,E601 型蒸发器,mm;F 为潜水蒸发计算面积,为计算区面积扣除村庄、道路、水面面积,km^2。

2.河道排泄量 R_g

当河道内河水水位低于岸边地下水位时,河道排泄地下水,排泄的水量称为河道排泄量。银北灌区平原区河道排泄量可分排水沟排泄量和黄河排泄量两项。排水沟排泄量可按基径比(基流量/径流量)计算,即

$$R_g = M_0 Q_沟 \qquad (4-7)$$

式中:R_g 为排水沟排泄地下水量,万 m^3/a;M_0 为基径比;$Q_沟$ 为排水沟的排水量,万 m^3/a。

黄河排泄量按达西公式计算,公式与山前侧向补给量计算相同。

4.4.2　山丘区地下水资源量

4.4.2.1　河川基流量的计算方法

河川基流量是一般山丘区和岩溶山区地下水的主要排泄量,是指河川径流量中由地下水渗透补给河水的部分(河道对地下水的排泄量),可通过分割河川径流量过程线的方法进行计算。

由于选用的水文站有河川径流还原水量,对分割的成果进行河川基流量还原。

首先,根据本次地表水资源量评价中 1999—2019 年逐年河川径流还原水量在年内的分配时间段,利用分割的实测河川基流量成果,分别确定相应时间段内分割的河川基流量占实测河川径流量的比率;然后,以各时间段的基径比乘以相应时间段的河川径流还原水量;最后,将年内各时间段的河川基流还原水量相加,即为该年的河川基流还原水量。经过河川基流还原后的河川基流量为相应水文站河川径流量中的河川基流量。

4.4.2.2 山前泉水溢出量的计算

山前泉水溢出量指出露于山丘区与平原区交界线附近,且未计入河川径流量的所有泉水的水量之和。银北灌区的山泉年均流量均小于 0.1 m³/s,可忽略不计。

4.4.3 灌区地下水资源量

结合《宁夏水资源综合规划地下水资源评价》相关研究成果,根据上述地下水资源量计算方法得到银北灌区各县(区)地下水资源量,见图 4-1。银北灌区的地下水资源量为 10.60 亿 m³,其中银川市范围内地下水资源量为 6.56 亿 m³,石嘴山市范围内地下水资源量为 4.04 亿 m³。平罗县地下水资源量最大,达到 2.53 亿 m³;惠农区地下水资源量在各县(区)中最小,仅 0.66 亿 m³。

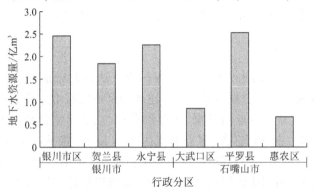

图 4-1 银北灌区各县(区)地下水资源量

第5章 非常规水资源

5.1 城市污水排放

根据中华人民共和国生态环境部 2020 年的"宁夏回族自治区污水集中处理设施清单",银北灌区投入运行的污水处理厂共计 24 座,设计处理能力 120.3 万 m^3/d。其中,银川市兴庆区 2 座、西夏区 3 座、金凤区 3 座、永宁县 3 座、贺兰县 2 座,石嘴山市大武口区 3 座、平罗县 5 座、惠农区 3 座。

5.1.1 银川市区

(1)银川市第一污水处理厂位于银川市兴庆区北郊满春乡八里桥村,设计规模 10 万 m^3/d,是宁夏回族自治区建成的第一家城市生活污水处理厂,主要承担银川市兴庆区西起唐徕渠、东至红花渠、北起上海路以北 500 m、南至铁路专用线的污水处理任务,服务面积达 22.4 km^2。接纳污水以生活污水为主,城市排水管网为雨污合流制。处理达标的排水经第一中水厂深度处理后一部分用于银川市兴庆区绿化及中山公园银湖和新月广场人工湖补水,另一部分由厂区排至第四排干沟并经银新沟汇入黄河。

(2)银川市第二污水处理厂位于银川市西夏区丽子园北街东侧、四清沟北侧,设计规模为 10 万 m^3/d。主要服务范围为银川市西夏区西起宁朔路、东至包兰铁路、北起同昌路、南至北京路,服务面积 36.7 km^2。

(3)银川市第三污水处理厂位于银川市西夏区南部东侧、丽子园路与金波路之间、长城路南、四二干沟以北、新干渠以东,设计规模为 5 万 m^3/d,二期升级改造后污水处理规模达到 10 万 m^3/d,是银川市唯一的一家以处理工业废水为主的城镇污水处理厂。主要服务范围为银川市西夏区南部地区,具体包括:东起兴洲路、西至宏图南街、北起北京路、南至发祥路,服务面积 14.67 km^2。处理达标的排水经第三中水厂深度处理后,一部分供给西夏热电厂,作为发电机组循环冷却系统的补充水源;另一部分由铺设的输水管网输送至银川市第二污水处理厂中水排放口,与第二污水处理厂排水汇合,排至第四排干沟并经银新沟汇入黄河。

(4)银川市第四污水处理厂位于金凤区丰登镇平伏桥村十三队、阅海大道西侧 50 m、四清沟以南,设计规模为 10 万 m^3/d。服务范围:西起包兰铁路、东至唐徕渠、南起六盘山路及金凤五路、北至贺兰山路(阅海),服务面积 54.7 km^2。处理达标的排水由厂区经四清沟排至阅海。

(5)银川市第五污水处理厂位于银川市兴庆区北京东路末端,设计规模为 10 万 m^3/d。

(6)银川市第六污水处理厂设计规模为 15 万 m^3/d。服务区域:银川市金凤区北部区域范围,具体为东起唐徕渠,西至阅海公园,南界艾依河(贺兰山路),北抵沈阳路。

(7)银川市第七污水处理厂一期设计规模为 5 万 m^3/d。服务范围西起包兰铁路,东至亲水大街及唐徕渠,南起南环高速以南约 2.5 km,北至长城路、六盘山路及金凤五路,服务面积约 62.53 km^2。

(8)银川市第九污水处理厂位于银川市西夏区南环高速以南、文昌街以东、包兰铁路以西、中石油"4580"项目以北,设计规模为 20 万 m^3/d,服务面积约 40.25 km^2。服务范围:西起西干渠、东至文昌南街及包兰铁路、南起桑园沟、北至开元路及银巴公路。

5.1.2 永宁县

根据《永宁县农村生活污水治理专项规划(2021—2030 年)》,截至 2020 年底,永宁县城建成污水处理厂 2 座、永宁县闽宁镇建成污水处理厂 1 座,设计总规模 11 万 m^3/d,实际处理水量 6.8 万 m^3/d;农村生活污水处理站 39 座,设计总规模 7 141 m^3/d,实际处理水量 2 160 m^3/d,农村生活污水治理率达 64.7%。

(1)永宁县第一污水处理厂,设计规模 6.5 万 m^3/d,实际处理水量约 3.4 万 m^3/d,排水去向为中干沟。

(2)永宁(望远)第二污水处理厂,设计规模 4 万 m^3/d,实际处理水量约 3.2 万 m^3/d,排水去向为永二干沟。

(3)永宁县闽宁镇污水处理厂,设计规模 0.5 万 m^3/d,实际处理水量约 0.2 万 m^3/d,排水去向为北五沟。

5.1.3 贺兰县

贺兰县宁夏贺兰联合水务有限公司位于金贵镇,东至关渠村农田、西至河东路,设计规模 5 万 m^3/d;宁夏蓝星水务有限公司位于洪广镇暖泉园区,设计规模 2.5 万 m^3/d。

5.1.4 大武口区

石嘴山市第一污水处理厂位于大武口区朝阳街北、白银路东地段,设计规模 6 万 m^3/d,处理达标的排水为经石嘴山市第一中水厂深度处理后的中水,一部分作城市绿化、道路洒水用水,另一部分通过 20 km 输水管道排入城市景观水体星海湖。

石嘴山市第三污水处理厂位于大武口区长胜街道高新技术产业开发区向阳街道,设计规模 2 万 m^3/d;石嘴山市第五污水处理厂位于大武口区星海镇隆湖二号路与纬三路交会处西侧,设计规模 0.2 万 m^3/d。

5.1.5 平罗县

平罗县第一、第二污水处理厂均位于城关镇山水大道 6 km 处北侧,设计规模均为 1.5 万 m^3/d;宁夏平罗工业园区循环经济实验区污水处理厂、宁夏平罗工业园区医药产业园污水处理厂和宁夏平罗工业园区精细化工基地污水处理厂分别位于平罗县城关镇中央大道东侧、山水大道 23 号和宁夏精细化工基地,设计规模分别为 2 万 m^3/d、1.25 万 m^3/d 和 0.5 万 m^3/d。

5.1.6 惠农区

石嘴山市第二、第四污水处理厂分别位于惠农区河滨街道红旗居委会钢电南路 47 号和惠农区红果子镇红礼路以北,设计规模分别为 8 万 m^3/d 和 1 万 m^3/d。石嘴山经济技术开发区东区工业污水处理厂位于惠农区河滨街道红旗居委会钢电南路恒力集团东侧,设计规模为 1 万 m^3/d。

5.2　灌区退泄水资源

根据《北方灌区多水源开发利用技术集成模式研究》,银北灌区主要排水沟有第一排水沟、第二排水沟、第三排水沟、第四排水沟、第五排水沟、中干沟、永清沟、永二干沟、银东沟、银新干沟、四二干沟,以及陶乐排水系统。骨干排水沟道共有 20 条,长 512.48 km,排水能力 330.25 m^2/s,控制排水面积571 万亩;支沟 591 条,长 1 469.6 km。陶乐排水系统包括高仁镇沟、马太沟、六顷地沟、五堆子沟、红崖沟、月牙湖沟、林场干沟、六大沟干沟、东沙干沟,长71.83 km,排水能力 4.05 m^2/s,控制排水面积 10.89 万亩;支沟 128 条,长73.5 km。

1986—2019 年银北灌区年引水量与退水量见图 5-1。引水量与退水量年际间变化趋势相同,灌区引水量介于 41.7 亿~68.3 亿 m³,灌区排水量介于 19.3 亿~41.3 亿 m³。随着引水量的增大,退水量也逐步增加,由 1986 年的 25.25 亿 m³ 增加到 2 004 年的 41.3 亿 m³,之后随着引水量的减小而逐渐减小。

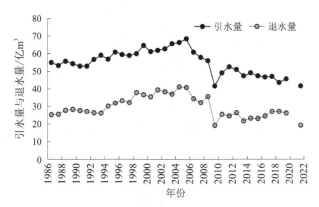

图 5-1　1986—2019 年银北灌区年引水量与退水量

根据宁夏水资源公报,灌区 2022 年灌区引水量为 25.93 亿 m³,排水沟排水量为 6.102 亿 m³,各干渠引水量及各排水沟排水量分别见图 5-2 和图 5-3。

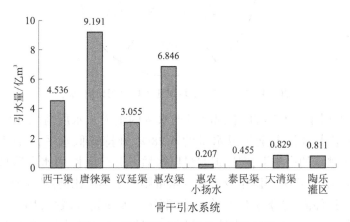

图 5-2　银北灌区骨干引水系统引水量

银北灌区 2021 年月平均退泄水量占年退泄水量的比例见图 5-4。灌区退水量主要集中在 5—8 月,占全年总退水量的 70.4%;其次是 9 月和 11 月,分别占年总退水量的 8.2% 和 10.6%。非灌溉期 1—3 月和 12 月灌区的退水量明显减少,退水量仅占全年总退水量的 5.56%。

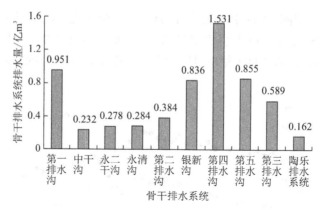

图 5-3　银北灌区骨干排水系统排水量

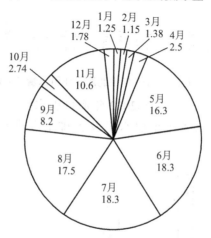

图 5-4　2021 年月平均退泄水量分配比例(%)

受灌溉引水量的影响,不同时段退水量的组成和水质情况差异显著。4 月前灌区退水量仅占全年退水量的 6.28%,维持较低水平;4 月开始灌溉后,在农田灌溉的影响下,灌区退水量以水稻田田面弃水、引水渠退水、地下水为主,显著增大,而大气降水及山洪等水量则占较小的比例;从 9 月下旬至 10 月下旬,灌区停灌,地下水位开始回落,灌区退水量持续减少,10 月退水量仅占全年退水总量的 2.74%,此时段灌区退水量以引水渠退水、地下水、大气降水、山洪等为主;10 月下旬至 11 月中旬处于冬灌期,灌溉水量大而集中,区域地下水位显著上升,部分区域地下水位接近地表,相应地,灌区退水量迅速增大,再次出现退水高峰期,退水量占全年总量的 10.6%;冬灌结束后,地下水位下降,退水量随即显著下降。由于灌区内引水量、地下水位、作物种植结构、土壤质地等不同,灌区不同区域位置和不同时段的退水量差别较大。

若能合理利用部分退泄水资源作为农田补充灌溉水源,则排水再利用的潜力较大。在退泄水再利用过程中,退泄水的水质尤为重要。宁夏引黄灌区各排水沟主要用于农田排水或降低浅层地下水位,但近些年许多排水沟同时变成了排污沟,接纳了大量城镇生活污水、工业废水,在纳污量增长的同时,污染物的种类和浓度也呈增加趋势。根据 2022 年宁夏水资源公报,宁夏引黄灌区主要排水沟水质均为劣 V 类污染水质,断面超标率 100%。污染最为严重的是银新沟、四二干沟、第三排水沟、排水沟、清水沟、中卫第四排水沟、中干沟、金南干沟,主要污染物为 NH_4^+-N、COD_{Cr} 和 BOD_5,且呈不断上升趋势。

第6章　井渠结合灌溉模式

6.1　井渠结合灌溉

推广井渠结合灌溉技术,采用科学的井渠结合灌溉模式,合理调控井灌水量与渠灌水量科学配比,可以促进区域地表水、地下水和黄河水的联合利用,在保障农作物灌溉供水的同时,实现节水、合理调控地下水埋深、维持灌区良好生态环境的目的。

6.1.1　井渠结合灌溉方式及灌区现状地下水灌溉模式

井渠结合灌溉是指采用井灌和渠灌相结合的方式来联合调度当地地表水和地下水,力求在充分利用本地区水资源的条件下解决农业灌溉用水不足的问题。根据《宁夏引黄灌区井渠结合灌溉技术及配套制度研究报告》(宁夏回族自治区水利厅,2009 年),宁夏银北灌区的井渠结合灌溉一般分为井渠混灌和井渠分灌两种方式,具体如下。

6.1.1.1　井渠结合灌溉方式

1.井渠混灌

井渠混灌指在同一灌溉地块,既可用地表水渠灌,又可用地下水井灌。这种灌溉方式主要分布在斗渠、农渠以下控制范围,井灌和渠灌采用同一套灌溉系统,即井水与渠水可以同时或分开引入农渠,直接进入农田灌溉。

2.井渠分灌

井渠分灌指在灌区部分耕地单独采用地下水井灌(纯井灌),另一部分耕地则采用地表水进行渠灌,渠灌和井灌分别有独立的灌溉系统。这种灌溉方式主要是由于灌区地势较高,仅一部分耕地适宜采用渠水自流灌溉,其他自流渠灌较困难的耕地通过扬水灌溉形式的电费高,采用井灌经济且容易操作。井渠分灌方式主要分布在银北灌区边缘及贺兰山东麓地区。

6.1.1.2　灌区现状地下水灌溉模式

灌区现状地下水灌溉模式主要为"井、渠、沟、站结合""机井与喷灌结合""机井与低压管道结合""机井与微灌结合"灌溉模式,具体如下。

1.井、渠、沟、站结合灌溉模式

该模式主要依靠机井抽水汇入渠道,再通过渠道输水至田间,这种灌溉模式在贺兰县、平罗县、惠农区应用较广,片区既有配套的自流灌溉渠道,又建有机井和补水泵站。在作物生长的不同灌溉时期,根据渠道引水情况,选择渠引黄河水或地下水或农田排水进行灌溉,如春小麦第一次灌溉采用渠水灌溉,第二次灌溉采用农田排水灌溉,第三次灌溉应用地下水。

2.机井与喷灌结合灌溉模式

在水资源日益紧张的形势下,银北灌区的部分地区以地下水为水源结合固定式喷灌方式灌溉农田,通过将井水引至小型蓄水池,待沉淀、升温后通过喷灌主管道注入固定式喷灌喷头进行灌溉。每个机井控制灌溉面积 300 亩左右,机井深一般为 40~50 m,单井出水量约 50 m³/h。

3.机井与低压管道结合灌溉模式

灌区过去建设的抗旱机井多为浅井,单井出水量为 50 m³/h 左右,难以满足大田农作物灌溉需求。将多眼机井通过低压管道系统连接形成井群,井群集中供水的出水量大,管道输水减少渗漏,提高了灌溉效率和水分利用效率。

4.机井与微灌结合灌溉模式

在灌区发展高效节水灌溉过程中,将机井供水与滴灌方式相结合,采用地下水滴灌方式灌溉农作物,单井出水量为 50 m³/h,单井控制灌溉面积 400 亩左右。

6.1.2　农作物井渠结合灌溉适宜条件

银北灌区浅层地下水通常具有矿化度高、水温低等特征,地下水灌溉对作物正常生长发育产生一定影响。前期研究发现,农作物不同生育阶段对不同灌溉水源所引起的土壤温度胁迫和土壤盐分胁迫的适应能力不同。

6.1.2.1　适宜的地下水质

根据前期田间试验和野外监测数据,地下水资源补给丰富、水质良好(矿化度小于 1 g/L)的区域可以在农作物整个生育期内采用浅层地下水灌溉;在地下水补给条件较差但潜水水质符合作物灌溉要求(矿化度小于 2 g/L)的区域可实施井渠结合灌溉;在地下水矿化度介于 2~3 g/L 的区域,作物苗期宜灌溉渠引黄河水,作物生育后期灌溉地下水;在地下水矿化度大于 3 g/L 的区域不宜推广地下水灌溉。

6.1.2.2　适宜的地下水埋深

适宜的地下水埋深应既能保证在毛细管力作用下作物可以吸收利用地下水,又不会对作物产生渍害,有利于形成一个良好的水、肥、气、热环境。土壤含盐量应始终控制在主要作物的耐盐阈值以下。根据灌区多年的水盐动态观

测资料,结合作物产量,银北灌区耕地不同阶段的适宜地下水埋深如下:

(1)春灌之前,灌区地下水埋深处于 1.8~2.2 m 时,作物春播前表层土壤的含盐量可控制在 0.2% 以下,表层 20 cm 土壤平均含水率介于 16%~18%(干土重),占田间持水量的 60%~80%,作物呈现苗齐、苗壮的状态。

(2)作物生长期,旱作区第一次灌溉后地下水位普遍升高,地下水埋深维持在 1 m 左右;稻作区第一次灌溉后地下水上升至地表,但土壤盐分含量急剧下降,对应的地下水含盐量降低,作物越过苗期耐盐性增强,可大幅削弱土壤盐分的危害。为了满足作物正常生长发育的水分需求,同时调控根系土层处于良好的生态环境,旱作区适宜的地下水埋深应控制在 0.9~1.4 m,稻作区适宜的地下水埋深应控制在 0.7~1.2 m。

(3)秋灌期,灌区秋季粮食作物以套种玉米为主,其次为豆类,经济作物以向日葵、甜菜及瓜菜为主。小麦第三次灌溉之后,地下水埋深稍有下降,但土壤受表土蒸发影响处于秋季返盐阶段,大多数秋季作物位于植株生长的中后期,不存在土壤盐分危害,为降低土壤返盐率,适宜的地下水埋深应控制在 1.5 m 左右。

(4)冻结期,11 月中下旬冬灌之后,灌区地下水位出现第二个高峰期,冻结层水分达到或超过田间最大持水量,对应的土壤盐分随水分向上运动;翌年融冻期,土壤水分被蒸发,土壤盐分向表层积聚。地表结冻开始后,地下水向冻层运移,运移量除受封质地影响外,还受控于冻结期的地下水埋深,在中壤土及亚黏土地区,冻结开始时的适宜地下埋深为 1.5~1.8 m。

6.1.2.3 水温条件

春灌期间,气温较低,为避免灌溉水的水温对作物生长发育的影响,井渠配水比例不宜过高。夏灌期间,气温回升,渠水的水温较高,井渠配水比例可适当提高。

6.1.3 不同灌溉时期的适宜井渠配水比例

在确定适宜的井渠配水比例时,应充分考虑井渠配水比例对地下水埋深的影响。井渠结合灌溉保障灌区不产生渍涝和不形成采补失调,并满足耕地的水资源供需平衡,关键在于确定适宜的井渠配水比例。井灌用水量与渠灌用水量的合理比例受渠首引水量、地下水埋深、降雨和蒸发量、排水条件等因素的影响。

在黄河限量供水条件下,可适当增加井灌水量;当黄河水充足时,地下水埋深应控制在 5 m 以上,可引黄河水补源。为防止灌区土壤次生盐碱化,灌区的地下水埋深不宜小于 2 m;地下水埋深小于 2 m 的地区宜全部采用井灌;当地下水埋深大于 2~5 m 时(大于 5 m),土壤毛细管力作用微弱,潜水蒸发量很小。在灌区局部区域内,若地下水埋深长期小于 2 m,宜长期采用井灌;若地下水埋深降至 2~5 m,宜采取井渠结合灌溉模式,此时若短期内黄河水量偏小需要限量供水,可加大井灌水量;黄河来水充足时,适当增加渠水使用量,补充地下水;若地下水埋深超过 5 m,需要引黄河水补源,而不能抽用地下水,防止地下水超采。当前灌区井灌用水量不足总用水量的 10%,应鼓励井灌区多用地下水,发挥地下水灌溉的优越性,逐步实现井渠结合科学配水,实现水资源优化配置。

在引黄灌区,每年春灌前(4 月)大部分区域的地下水埋深介于 1.2~2.4 m,银南部分区域的地下水埋深超过 2.4 m,河东部分区域的地下水埋深可达 4 m,此时宜采用渠灌模式,渠水灌溉不仅可为作物生长提供必要的水分,还可以达到灌水压盐的目的。在春小麦灌溉期间(5—6 月),有渠水的情况可利用渠水灌溉,没有渠水的地方利用井灌。银北灌区 7—9 月处于降雨季节,降雨频繁,经过灌溉(4—6 月),灌区地下水位上升处于全年峰值,此时段应充分利用大气降雨,首先应考虑井灌,其次考虑渠灌。灌区 7—9 月黄河水含沙量高,渠灌会加重田间和渠道淤积,另外渠灌水与降雨重叠,易导致灌区局部区域形成涝渍。冬灌应以渠灌为主、井灌为辅。

目前,国内部分大型井渠结合灌区的井灌区面积占总灌溉面积的 30%,宁夏引黄灌区发展井渠结合灌溉的井渠灌配水比例为 1:3。本书综合考虑农作物井渠结合灌溉的适宜条件和不同灌溉时期防止土壤涝渍和盐渍化的现实需求,确定不同灌溉时期井渠结合灌溉的配水比例,见表 6-1。

表 6-1　不同灌溉时期井渠结合灌溉的配水比例

灌溉时期	灌溉时段	井灌水量:渠灌水量
春灌	4 月下旬至 5 月下旬	2:8
夏灌	6 月上旬至 6 月下旬	4:6
伏灌	7 月上旬至 8 月上旬	2:8
秋灌	9 月上旬至 9 月中旬	6:4
冬灌	10 月下旬至 11 月中旬	2:8

6.2　井渠结合灌溉的适宜作物种类及灌溉制度

针对银北灌区井渠结合灌溉模式存在的实际问题,以小麦套种玉米和水稻为典型,开展地下水灌溉试验,研究灌水定额、灌水水质、灌水方式以及作物需水规律。分析作物产量与灌溉水源的相关关系,结果表明,小麦、玉米、水稻生育期内,在适宜的灌溉制度下,单独采用井水灌溉相对渠水灌溉减产,但相对旱作有显著增产效果。受地下水位、单井出水量及控制灌溉面积等因素影响,井水灌溉的灌溉定额相对渠灌定额小,且抽采地下水灌溉存在电费、运行管理费等支出,井灌成本通常为渠灌成本的 8 倍。因此,从经济效益角度考虑,井渠结合灌区适宜的种植作物应为耗水量小且经济效益高的农作物,粮食作物以玉米、小麦为主,经济作物以瓜果、蔬菜为主,经果林木以枸杞为主。

在井渠结合灌区,由于地下水矿化度较高、水温较低,井水与渠水结合灌溉既要考虑作物对灌溉水质(矿化度、温度、离子浓度等)的要求,又要考虑井渠结合灌溉对土壤盐分聚集的影响,因此科学合理的井渠结合灌溉制度对保障农田供水、促进作物增收、防治土壤盐碱化等具有重要意义。

结合银北灌区的气候、水文、土壤条件,针对适宜的井渠结合灌溉制度,宁夏大学、宁夏回族自治区水利科学研究院等科研单位开展了大量的野外田间试验研究,得到了灌区主要农作物的井渠结合灌溉制度。

6.2.1 粮食作物

6.2.1.1 单种小麦灌溉制度

在银北灌区井渠结合区域,春小麦三叶期、拔节期、抽穗期大致起始时间分别为 5 月 1 日、5 月 15 日和 6 月 10 日。不同黄河来水情境下,井渠结合灌溉 3 次,灌水定额为 45~60 m^3/亩,灌溉定额为 135~180 m^3/亩。单种春小麦井渠结合灌溉制度优化配置见表 6-2。

表 6-2 单种春小麦井渠结合灌溉制度优化配置

黄河来水情景	后期降水量	生育阶段	灌水时期	灌溉方式	灌溉次数	灌水定额/(m^3/亩)
黄河供水量正常	充足	出苗—分蘖期	三叶后 5 d 内	混灌	1	60
		拔节—孕穗期	拔节后 5 d 内	混灌	1	60
		孕穗—扬花期	抽穗后 5 d 内	混灌	1	60
	正常或偏少	出苗—分蘖期	三叶后 5 d 内	混灌	1	60
		拔节—孕穗期	拔节后 5 d 内	混灌	1	60
		孕穗—扬花期	抽穗后 5 d 内	混灌	1	45
黄河供水量缺乏	充足	出苗—分蘖期	三叶后 5 d 内	混灌/轮灌	1	60
		拔节—孕穗期	拔节后 5 d 内	混灌/轮灌	1	45
		孕穗—扬花期	抽穗后 5 d 内	混灌	1	60

续表 6-2

黄河来水情景	后期降水量	生育阶段	灌水时期	灌溉方式	灌溉次数	灌水定额/（m³/亩）
黄河供水量缺乏	正常或偏少	出苗—分蘖期	三叶后 5 d 内	混灌/轮灌	1	60
		拔节—孕穗期	拔节后 5 d 内	混灌/轮灌	1	45
		孕穗—扬花期	抽穗后 5 d 内	混灌	1	45
黄河供水量严重缺乏	充足	出苗—分蘖期	三叶后 5 d 内	混灌/轮灌/井水	1	60
		拔节—孕穗期	拔节后 5 d 内	混灌/轮灌/井水	1	45
		孕穗—扬花期	抽穗后 5 d 内	混灌	1	60
	正常或偏少	出苗—分蘖期	三叶后 5 d 内	混灌/轮灌/井水	1	45
		拔节—孕穗期	拔节后 5 d 内	混灌/轮灌/井水	1	45
		孕穗—扬花期	抽穗后 5 d 内	混灌/轮灌	1	45

6.2.1.2 单种玉米灌溉制度

银北灌区玉米通常于 4 月底播种、9 月中下旬收割，农田灌溉主要在玉米拔节—大喇叭口前期、大喇叭口—抽雄期、灌浆—乳熟期，灌溉 2~3 次，灌溉定额 120~180 m³/亩。单种玉米井渠结合灌溉制度优化配置见表 6-3。

表 6-3 单种玉米井渠结合灌溉制度优化配置

供水情况	后期降雨量	用水情况	生育阶段	灌水时期	灌溉方式	灌水次数	灌水定额（m³/亩）
黄河供给量正常	充足	高峰	拔节—大喇叭口前期	6 月 18 日前后	混灌	1	60
		高峰	抽雄前期	7 月 20 日前后	混灌	1	60
	正常或偏少	高峰	拔节—大喇叭口前期	6 月 18 日前后	混灌	1	60
		高峰	抽雄前期	7 月 20 日前后	混灌	1	60
		正常	灌浆期	8 月 20 日前后	混灌	1	45~60
黄河供给量缺乏	充足	高峰	拔节—大喇叭口前期	6 月 18 日前后	混灌/轮灌	1	60
		高峰	抽雄前期	7 月 20 日前后	混灌/轮灌	1	60
	正常或偏少	高峰	拔节—大喇叭口前期	6 月 18 日前后	混灌/轮灌	1	60
		高峰	抽雄前期	7 月 20 日前后	混灌/轮灌	1	60
		正常	灌浆期	8 月 20 日前后	混灌	1	45~60

续表 6-3

供水情况	后期降雨量	用水情况	生育阶段	灌水时期	灌溉方式	灌水次数	灌水定额（m³/亩）
黄河供给量严重缺乏	充足	高峰	拔节—大喇叭前期	6月18日前后	混灌/轮灌/井水	1	60
		高峰	抽雄前期	7月20日前后	混灌/轮灌/井水	1	60
	正常或偏少	高峰	拔节—大喇叭前期	6月18日前后	混灌/轮灌/井水	1	60
		高峰	抽雄前期	7月20日前后	混灌/轮灌/井水		60
		正常	灌浆期	8月20日前后	混灌/轮灌	1	45~60

6.2.1.3 小麦套种玉米灌溉制度

灌区小麦套种玉米的共生期为4月中旬至7月上旬,在共生期内,由于两种作物进入生殖生长与营养生长的高峰期不同,需水规律也不尽相同,在根层土壤水分有限的条件下,有互补余缺的作用;同时,套种模式中高秆作物有遮阴作用,减少了低秆作物的耗水量。试验监测发现,小麦和玉米的株高变化过程具有较好的一致性,而小麦和玉米LAI值变化并非同步。

作物生长前期,生长缓慢,株高变化不大;在生育中期(小麦为5月中旬至6月末,玉米为6月中旬至7月末),株高在短时间内快速增加,在此期间,水分对作物生长制约作用比较明显;在生育后期,株高变化缓慢,由生殖生长转变为营养生长。小麦和玉米进入生长高峰期的时间不同步,小麦在6月上旬进入生长旺盛期,株高达到生育期内较高水平,此时对水分的需求比较敏感,而玉米株高在7月上旬达到生育期内较高水平,两种作物株高变化不同步。

小麦进入分蘖期以后,叶面积指数开始迅速增长,抽穗期以后生理活动减弱,叶面积指数下降。随着生育进程的推进,玉米在拔节期到抽雄期叶面积指数增长较快。小麦的叶面积指数在5月上旬至6月中旬呈持续增长的趋势,于6月中旬进入生理活动高峰期,而玉米LAI值前期(5月下旬至6月上旬)比较小,在7月末LAI值达到生育期内较高水平。

银北灌区小麦套种玉米灌溉时期主要为小麦分蘖期、小麦拔节—孕穗期、小麦扬花—灌浆期、玉米大喇叭期和玉米抽雄—灌浆期,灌溉4~5次,灌溉定额200~300 m³/亩。小麦套种玉米的井渠结合灌溉制度优化配置见表6-4。

表 6-4　小麦套种玉米的井渠结合灌溉制度优化配置

黄河来水情景	后期降雨量	用水情况	生育阶段	灌水时期	灌溉方式	灌水次数	灌水定额/（m³/亩）
黄河供给量正常	充足	正常	小麦分蘖期	4 月 28 日前后	混灌	1	60
		正常	小麦拔节—孕穗期	5 月 23 日前后	混灌	1	60
		高峰	小麦扬花—灌浆期	6 月 18 日前后	混灌	1	60
		高峰	玉米大喇叭期	7 月 15 日前后	混灌	1	45～60
	正常或偏少	正常	小麦分蘖期	4 月 28 日前后	混灌	1	60
		正常	小麦拔节—孕穗期	5 月 23 日前后	混灌	1	60
		高峰	小麦扬花—灌浆期	6 月 18 日前后	混灌	1	60
		高峰	玉米大喇叭期	7 月 15 日前后	混灌	1	60
		正常	玉米抽雄—灌浆期	8 月 10 日前后	混灌	1	45～60
黄河供给量缺乏	充足	正常	小麦分蘖期	4 月 28 日前后	混灌	1	60
		正常	小麦拔节—孕穗期	5 月 23 日前后	混灌	1	60
		高峰	小麦扬花—灌浆期	6 月 18 日前后	混灌/轮灌/井水	1	45～60
		高峰	玉米大喇叭期	7 月 15 日前后	混灌/轮灌/井水	1	45～60
	正常或偏少	正常	小麦分蘖期	4 月 28 日前后	混灌	1	60
		正常	小麦拔节—孕穗期	5 月 23 日前后	混灌	1	60
		高峰	小麦扬花—灌浆期	6 月 18 日前后	混灌/轮灌	1	60
		高峰	玉米大喇叭期	7 月 15 日前后	混灌/轮灌	1	60
		正常	玉米抽雄—灌浆期	8 月 10 日前后	混灌	1	60
黄河供给量严重缺乏	充足	正常	小麦分蘖期	4 月 28 日前后	混灌	1	60
		正常	小麦拔节—孕穗期	5 月 23 日前后	混灌	1	60
		高峰	小麦扬花—灌浆期	6 月 18 日前后	混灌/轮灌/井水	1	45～60
		高峰	玉米大喇叭期	7 月 15 日前后	混灌/轮灌/井水	1	45～60
	正常或偏少	正常	小麦分蘖期	4 月 28 日前后	混灌/轮灌	1	60
		正常	小麦拔节—孕穗期	5 月 23 日前后	混灌/轮灌	1	60
		高峰	小麦扬花—灌浆期	6 月 18 日前后	混灌/轮灌/井水	1	60
		高峰	玉米大喇叭期	7 月 15 日前后	混灌/轮灌/井水	1	60
		正常	玉米抽雄—灌浆期	8 月 10 日前后	混灌/轮灌	1	60

6.2.1.4 水稻灌溉制度

根据近5年水稻控制灌溉统计资料,银北灌区水稻生育期内(返青期、分蘖期、拔节孕穗期、抽穗开花期、乳熟黄熟期)井渠结合控制灌溉优化制度见表6-5,水稻非生育期内冬灌1次,灌溉定额为80 m³/亩。

表6-5 水稻生育期内井渠结合控制灌溉优化制度

生育期	灌水时间	灌溉时长/h	灌水定额/(m³/亩)
返青期	5月2—4日	72	70
	5月8—10日	72	35
	5月17—19日	72	35
	5月28—30日	72	40
分蘖期	6月3—5日	72	40
	6月11—13日	72	40
	6月15—17日	72	50
	6月30日至7月2日	72	50
拔节孕穗期	7月7—9日	72	35
	7月12—14日	72	45
	7月20—22日	72	40
	7月26—28日	72	45
抽穗开花期	8月1—3日	72	40
	8月7—9日	72	45
	8月14—16日	72	40
	8月22—24日	72	40
乳熟黄熟期	8月30日至9月1日	72	35
	9月11—13日	72	30

6.2.2 经济作物

银北灌区多种植西瓜、西红柿、花菜等瓜菜类作物,灌溉时段为5月上旬、5月下旬、6月下旬、7月中旬和8月中旬,作物生育期内灌溉3次,灌溉定额200~300 m³/亩,灌溉制度见表6-6。

表 6-6　瓜菜类作物井渠结合灌溉制度

灌溉时段	灌水天数/d	灌水定额/（m³/亩）
5 月 8—20 日	3	40
5 月 28—30 日	3	40
6 月 30 日至 7 月 2 日	3	40
7 月 20—22 日	3	40
8 月 14—16 日	3	40

6.2.3　经果林木

枸杞是宁夏核心经果林木,种植历史悠久。苏占胜[67]等通过关键气象因子筛选,确定银北灌区银川、平罗、惠农适宜种植枸杞。科学合理的灌溉模式有利于提升地力,提高枸杞产量和品质,推进灌区枸杞产业高质量发展。根据多年试验研究,银北井渠结合灌区枸杞灌溉时段展叶期—春梢生长期、春梢生长期—春梢开花期、春梢开花期—春梢成果期、春梢成果期—果实成熟期,灌溉次数为 4 次,灌溉定额为 160~180 m³/亩。枸杞井渠结合灌溉制度见表 6-7。

表 6-7　枸杞井渠结合灌溉制度

黄河来水情况	后期降雨量	用水情况	灌水阶段	灌水日期	灌水水源	灌水次数	灌水定额/（m³/亩）
黄河供给量正常	充足	正常	春梢生长期	4 月 25 日前后	渠水	1	45
		正常	春梢开花期	5 月 15 日前后	渠水/混灌	1	45
		高峰	春梢成果期	6 月 5 日前后	混灌	1	45
		高峰	果实成熟期	7 月 15 日前后	混灌	1	45
	正常或偏少	高峰	春梢生长期	4 月 25 日前后	渠水	1	45
		高峰	春梢开花期	5 月 15 日前后	渠水/混灌	1	45
		高峰	春梢成果期	6 月 5 日前后	混灌/轮灌	1	45
		正常	果实成熟期	7 月 15 日前后	混灌	1	30~45
黄河供给量缺乏	充足	正常	春梢生长期	4 月 25 日前后	渠水	1	45
		正常	春梢开花期	5 月 15 日前后	渠水/混灌	1	45
		高峰	春梢成果期	6 月 5 日前后	混灌/轮灌	1	45
		高峰	果实成熟期	7 月 15 日前后	混灌/轮灌	1	45

续表 6-7

供水情况	后期降雨量	用水情况	灌水阶段	灌水日期	灌水水源	灌水次数	灌水定额/（m³/亩）
黄河供给量缺乏	正常或偏少	正常	春梢生长期	4月25日前后	渠水/混灌	1	45
		高峰	春梢开花期	5月15日前后	混灌/轮灌	1	45
		高峰	春梢成果期	6月5日前后	混灌/轮灌	1	45
		正常	果实成熟期	7月15日前后	混灌/轮灌	1	30~45
黄河供给量严重缺乏	充足	正常	春梢生长期	4月25日前后	渠水/混灌	1	45
		正常	春梢开花期	5月15日前后	渠水/混灌	1	45
		高峰	春梢成果期	6月5日前后	混灌/轮灌/井水	1	45
		高峰	果实成熟期	7月15日前后	混灌/轮灌/井水	1	45
	正常或偏少	高峰	春梢生长期	4月25日前后	混灌/轮灌/井水	1	45
		高峰	春梢开花期	5月15日前后	混灌/轮灌/井水	1	45
		高峰	春梢成果期	6月5日前后	混灌/轮灌/井水	1	45
		正常	果实成熟期	7月15日前后	混灌/轮灌	1	30~45

6.3 盐碱化农田综合治理

2023年中央一号文件提出，实施新一轮千亿斤粮食产能提升行动。新一轮千亿斤粮食产能提升行动关键之一在于耕地。2023年7月20日中央财经委员会第二次会议，研究加强耕地保护和盐碱地综合改造利用等问题。习近平在会上发表重要讲话，强调粮食安全是"国之大者"，耕地是粮食生产的命根子，要落实藏粮于地、藏粮于技战略，切实加强耕地保护，全力提升耕地质量，充分挖掘盐碱地综合利用潜力，稳步拓展农业生产空间，提高农业综合生产能力。盐碱地综合改造利用是耕地保护和改良的重要方面，我国盐碱地多，部分地区耕地盐碱化趋势加剧，开展盐碱地综合改造利用意义重大。要充分挖掘盐碱地综合利用潜力，加强现有盐碱耕地改造提升，有效遏制耕地盐碱化趋势，做好盐碱地特色农业大文章。要全面摸清盐碱地资源状况，研究编制盐碱地综合利用总体规划和专项实施方案，分区分类开展盐碱耕地治理改良，因地制宜利用盐碱地，向各类盐碱地资源要食物，"以种适地"同"以地适种"相结合，加快选育耐盐碱特色品种，大力推广盐碱地治理改良的有效做法，强化水源、资金等要素保障。

银北灌区主要位于冲湖积平原，地形平缓、地势低洼，地下水径流滞缓，排水条件较差,引黄河水灌溉期间,大量农田灌溉水和渠道渗漏水补给地下水,因排泄条件较差,地下水埋深较浅,在强烈的表土蒸发作用下,深层土壤盐分随水分向地表聚集,导致农田土壤次生盐碱化。井渠结合灌溉,相对其他灌溉模式对次生盐碱土壤的防治和改良效果最好,一方面可适当降低地下水埋深,减轻表土蒸发作用强度;另一方面适时淋洗表层土壤盐分至深层土壤,营造根层土壤低盐环境。

6.3.1 灌区土壤盐碱化影响因素

银北灌区是宁夏农田土壤盐碱化较为严重的区域,其土壤盐碱化的形成与发展主要受气象、地质、灌排条件等因素影响。

6.3.1.1 气象条件

银北灌区气候条件干燥,蒸发强烈(年蒸发量 1 000～2 000 mm),而多年平均降水量仅 188 mm,蒸降比高,导致深层土壤盐分在毛管力作用下随水分垂直向上运动,向表层土壤聚集,形成盐碱土。

6.3.1.2 地质条件

银北灌区处于银川平原下游,地形低平,自然坡降(1/5 000～1/8 000)小,自流排水困难,致使地下水位高。黄河汛期将形成沟水顶托现象,地下水更难排出,在强烈蒸发作用下,土壤盐渍化加重。

6.3.1.3 灌排条件

灌区地处青铜峡灌区下游,灌溉期间的水量已较难得到保障,盐碱化耕地灌溉水量不足,更缺少额外水量用于盐碱地淋洗,表层土壤含盐量长期处于较高水平。此外,部分排水沟道淤塞,沟底抬高,妨碍农田正常排水排盐。

6.3.2 地下水位调控防治盐碱化

灌区地下水主要接受农田灌溉和渠道渗漏补给,地下水埋深与渠道供水情况具有显著相关性,不同渠道供水条件下,灌区适宜的地下水埋深存在差别。

6.3.2.1 渠道供水充足情景

在渠道供水充足条件下,井渠结合模式采取"渠灌为主、渠灌井调、丰补枯用、采补平衡"的水资源优化调度模式。联合调度渠引黄河水和地下水的核心是在维持地下水位稳定的条件下,明确渠道引入一定量的黄河水对应能开采的地下水量。根据现场研究、调研成果,推荐在黄河来水丰富时段采用渠灌,在表土蒸发强烈、返盐季节之前采用井水灌溉。

根据银北灌区气象、水文条件和土壤盐碱化现状,结合井渠结合区域的长

系列地下水埋深资料,提出不同灌溉时段的地下水埋深调控指标:

（1）春灌前（3月下旬至4月中旬），小麦幼苗生长期,正值土壤返盐高峰期,此时地下水位应维持在 2 m 左右以有效降低潜水蒸发导致的土壤积盐程度。

（2）春灌期（4月下旬至5月上旬），小麦苗期,因渠引黄河水灌溉的淋盐效果明显,此时地下水位应维持在 1 m 左右,以补给地下水,有利于提高下一农田灌溉高峰期的地下水开采量。

（3）夏灌期（5月中旬至6月下旬），银北灌区供水紧张,区域地下水位有待通过井渠结合灌溉适当降低,此时段地下水位应维持在 1.1 m 左右,以腾空地下库容,促进作物生长。

（4）秋灌期（7—9月），此时段采用渠引黄河水地面灌溉,农田灌溉水和渠系渗漏水补给地下水,地下水位宜维持在 1.5 m 左右。

（5）冬灌期（10月上旬至11月中旬），冬灌的目的主要是淋洗表层土壤盐分和提高土壤储水量。此时段需要合理控制地下水位,以防止次年春季土壤返盐,冬灌后的地下水位应维持在 1.1 m 左右。

6.3.2.2 渠道供水紧张情景

银北灌区在渠道供水紧张条件下主要采取井灌和井渠结合灌溉两种形式。在渠道供水紧张季节采用井灌,在来水不足时段采取井水和渠水并用,在渠水丰富时期采用渠灌有效补充地下水。

（1）春灌前（3月下旬至4月中旬），灌区地下水位宜维持在 2.1 m 左右,以减少因潜水蒸发导致的表层土壤积盐。

（2）春灌期（4月下旬至5月上旬），灌区地下水位宜维持在 0.5~1.0 m,确保夏灌高峰期充足的地下水开采量。

（3）夏灌期（5月中旬至6月下旬），渠道供水紧张,推荐灌区采用井灌模式,地下水位因井灌而大幅下降,此时段的地下水位宜维持在 1.5~2.0 m。

（4）秋灌期（7—9月），推荐采用渠引黄河水灌溉,农田灌溉水和渠道渗漏水补给地下水,地下水位宜维持在 1.3~1.6 m。

（5）冬灌期（10月上旬至11月中旬），为了充分淋洗作物生育期内积累在表层土壤的盐分,增加土壤储水量,灌区有条件地区实施冬灌。冬灌后地下水位宜维持在 0.9~1.2 m,以防止次年春季融冻期土壤大量返盐。

6.3.3　综合防治与改良盐碱农田

银北灌区降雨稀少、蒸发强烈,深层土壤盐分易随水分运移至地表,导致表层土壤次生盐碱化。井渠结合灌溉是一种综合开发利用地下水与地表水的灌溉模式,可有效提高水资源利用效率和改良盐碱土壤,在银北灌区次生盐碱化防治和盐碱地改良中具有重要作用。为了更好地发挥井渠结合灌溉模式改良盐碱地效果,有必要同时采取强化排水、增施有机肥、优化种植结构、合理耕作等措施,实现对盐碱地的有效改良和高效利用。

6.3.3.1　强化排水

井渠结合灌溉,具有开源与节流双重作用,井灌可以利用灌区的降水和侧向径流对地下水的补给,将田间灌溉和渠系渗漏入渗补给的地下水作为灌区新水源,不仅可以通过“以灌代排”调控地下水位,还可以防止农作物受到盐害和碱害。在银北灌区,根据土壤盐碱化程度、地下水埋深、渠道来水条件等实际情况,宜完善灌排系统,结合井渠结合灌溉模式,通过推广“开源节流”“以灌代排”“控灌促排”等措施防治土壤盐碱化。

6.3.3.2　增施有机肥

研究表明,灌区作物根层土壤有机质含量与土壤含盐量通常呈显著负相关关系,长期实践发现土壤有机质含量越高,土壤抑制盐分运动的作用越强。因此,在灌区粮经作物和经果林木种植区,井渠结合灌溉模式下,推荐每亩增施 2 000 kg 以上有机肥。一方面可以增加作物根层土壤的有机质含量,促进土壤养分转化,提高土壤微生物活性,增加土壤肥力;另一方面有机肥料可分解产生有机酸,能中和土壤中部分游离的碱,增强土壤缓冲性能。此外,有机肥分解释放的交换性离子既可以置换出土壤胶体吸附的交换性钠离子,又能溶解土壤中的碳酸钙,减轻土壤盐碱对作物生长发育的危害。另外,增施有机肥有利于疏松耕层板结土壤,改善土壤结构和物理性能,增强灌溉淋盐作用,削弱表土蒸发作用下的毛细管力,达到抑制土壤返盐和减轻土壤盐碱化的目的。

6.3.3.3　优化种植结构

根据灌区的水资源状况和土壤条件,合理优化作物种植结构,进行适水、适盐种植。根据不同土壤条件和作物需水规律,优化调整作物种植结构,通过适当增加作物种植密度来提高植被覆盖度,减少耕地的裸露面积和时间,减少土壤蒸发,减轻土壤盐碱化。此外,在盐碱农田种植枸杞、向日葵等耐盐作物,可提高盐碱耕地利用效率。另外,适宜的倒茬轮作是用地与养地相结合、提高作物产量和有效改良盐碱地的重要措施,合理的倒茬轮作可改善土壤物理性状,避免单一作物对土壤养分的过度消耗,抑制土壤返盐。

6.3.3.4　平整土地、合理耕作

合理耕作土地是改良盐碱土的重要措施,可防止土壤盐分向坑洼处聚集,利于消除盐斑和盐皮。合理耕作包括早春深松耕、平整土地、耙地、伏翻、

秋翻等。合理耕作一方面促使板结土层变疏松、土壤孔隙度增大,有效切断土壤水在毛细管力作用下上行,阻止表层土壤过度盐分集聚,提高土壤通透性,减少土壤蒸发,抑制土壤盐碱化;另一方面通过合理耕作可将高盐分含量的表层土壤翻到下层,将下层含盐量相对较低的土壤翻至表层,便于灌溉淋洗。在改善排水条件下,结合渠引黄河水灌溉,采用泡田洗盐、旱作淤灌等方式,可有效利用和改良盐碱地。

6.4 井渠结合灌溉管理体制机制

井渠结合灌溉是我国干旱、半干旱地区合理利用灌区水资源、防治土壤盐碱化、发展高效农业的一项重要措施。银北灌区井渠结合灌溉能否推广应用与发展的关键在于建立一套完善的灌排运行管理体制机制。银北灌区大规模使用井灌历史可以追溯到 20 世纪 70 年代后期,但后期灌溉机井停用和闲置,设备损坏和报废,井灌模式未得到长期发展。发挥机井排灌的作用需要深入总结灌排设施持续利用过程中可能存在的问题。

6.4.1 井渠结合灌溉发展存在的问题

银北灌区井渠结合灌溉模式推广应用面临着一系列影响因素,主要包括渠引黄河水便利条件、地下水水质条件、灌溉成本、灌溉习惯、地下水温度、政策管理等(《石嘴山市引黄灌区浅层地下水开发利用项目前期研究》,宁夏回族自治区水利科学研究院,2018 年)。

6.4.1.1 **黄河灌水便利因素**

平罗县农业灌溉得益于较为发达的自流灌溉体系,且受黄河来水制约较少,所以农业灌溉地下水供水量较少,机井使用率较低。惠农区由于灌溉紧张时段黄河水供水困难,所以机井使用率相对较高。

6.4.1.2 **地下水水质因素**

相对黄河水,地下水矿化度较高,黄河水矿化度一般在 0.4~0.5 g/L,而农业灌溉地下水矿化度基本在 1~2 g/L 或 2~3 g/L,微咸水灌溉不当可能导致土壤次生盐渍化。

6.4.1.3 **灌溉成本**

灌区现行水价虽然由原来的 0.006 元/m³ 提高至 0.030 5 元/m³,但井灌水价为 0.08~0.12 元/m³,价格仍差距较大。由于井灌提取地下水需要动力,即便所提取的水本身不收水资源费,其费用仍高于渠灌水,导致机井虽已由国家投资建成配套,也会搁置不用。因此,应适当调整目前的水价政策,或者制定优惠的地下水价格和优惠的农电抽水价格,采取地表水、地下水统一水价,促进灌区的井渠结合、以灌代排措施实施,充分利用地下水,实现地表水、地下水联合调控及高效利用。

6.4.1.4　灌溉习惯

宁夏引黄灌区得黄河之便利,唯黄河而存在,依黄河而发展,农民长期习惯引用黄河水灌溉。随着近年来黄河来水的减少,以及区域经济发展水资源的需求逐年增加,宁夏引黄灌区的农业灌溉用水矛盾逐年突出。但农民对严峻的供水形势认识不足,把解决灌溉问题的责任完全交给政府,对使用井水灌溉缺乏积极性。2003 年宁夏引黄灌区建设抗旱机井 3 524 眼,各级政府曾着力推行机井拍卖和承包管理,以期实现机井的自我管理、自我发展和井渠结合的良性运行,但长期形成的依靠黄河水灌溉的观念根深蒂固,农民不愿使用井水,加之政府对机井运行无补贴,使意向投资机井管理的人员顾虑重重,导致无人敢于承包、租赁。

6.4.1.5　地下水温

对灌溉而言,井水相对黄河水水温偏低。实测结果表明,银北地区 4 月中旬至 8 月初的井水温度为 10~11 ℃,6 月初渠水温度已达到 19 ℃以上,部分对灌溉水温要求严格的作物更愿意用渠水灌溉。

6.4.1.6　政策管理

根据国家现行投资政策,灌区骨干工程的改造可以得到国家的投资,而打井、开发地下水则属于田间工程,由群众自筹。由于机井建设包括打井、机井配套、架设高压线路以及田间配套等,需要较大投资,群众难以负担。此外,在使用过程中,还要使用能源,运行费用高于渠水。因此,国家应对灌溉机井及相应的配套建设在资金上给予支持。在投资建设上,应科学规划,合理布置,有计划、有步骤地安排资金,不能在水荒时匆匆安排资金,盲目建设,一旦水荒解除又撤回投资,疏于管理,反而造成投资浪费。

现行的管理模式无法从根本上解决机井管理费用问题。宁夏引黄灌区历史上曾经出现过 2 次机井大规模建设时期:①1977—1985 年,以排水治理改造盐碱土为目标,投资 3 000 万元,在银北灌区建设机井 5 860 眼。机井由村统管,运行管理费由政府负担,每眼机井每年补贴 180 元,良好的投入保证了机井的正常运转。1985 年国家对机井运行管理补贴中断,有 1/3 的机井停止使用,50%的机井损坏报废。②2003 年,为应对黄河来水锐减,缓解农业灌溉紧张局面,宁夏回族自治区筹资 2 亿元在引黄灌区建设抗旱机井 3 524 眼。实施的承包、租赁、农民用水协会承包管理,并不是完全意义上的承包、租赁,承包者不缴承包费用,相当于指定管理或代为管理。

由于井灌费用远高于渠灌费用,用水户较少使用机井,特别是来水较丰时期,机井的利用率更低,收取的费用根本无法保证管理者的工资收入,更谈不上维修费用,承包者只使用不维修,机井设备损坏、丢失较严重。最后,不得不将机井交给农民用水合作组织或村委会、乡水管站、县水务局、渠道管理单位等管理,由于无法落实机井管理费用,机井的管理形同虚设,机井的利用率极低。

根据 2011 年水利普查结果,石嘴山市规模以上机井共 2 063 眼,但根据 2017 年调查数据,石嘴山市现有可运行机井仅 746 眼,即由于管理机制问题,大部分机井已报废,且现状年可运行机井的启用率较低。因此,在灌区调整水价的同时,应建立和完善现代灌区管理制度,在灌区水管理方面采取地表水和地下水统一管理,由灌区管理机构统一管理灌区内的水资源,并赋予其对灌区内井渠布局、地表水和地下水联合运用、渠灌水和井灌水的水价核定和征收等管理权限,以促进灌区节约用水和地表水、地下水联合高效运用。

6.4.2　井渠结合灌溉管理体制机制建设

针对银北灌区降水量减少、黄河来水持续偏枯、区域经济社会发展和生态用水严重不足、水资源供不应求的现实,结合灌区多年续建配套与现代化改造工程建设和节水型社会建设的实际需要,在总结国内井渠结合灌溉实践成功经验的基础上,基于当前银北灌区机井建设运行与管理中存在的系列问题,分析提出井渠结合灌排设施的运行与管理模式,为银北灌区井渠结合灌溉模式持续高效发展提供依据。井渠结合灌溉模式的长效管理体制总体思路如下。

6.4.2.1　井渠结合灌溉模式的长效管理体制与运行机制

在银北灌区发展井渠结合长效灌溉模式,需要坚持依法治水,建立科学的管理体制、灵活的运行机制和合理的价格体系。结合国内井渠结合灌溉的成功经验,以及当前灌区节水型社会建设的相关内容,提出井渠结合灌溉模式管理体制与运行机制改革的总体思路如下:

(1)建立以水权为中心、农户参与的灌溉水管理模式,将水权理论、水价理论与银北灌区需水实际相结合,建立以水权为中心的农户参与式灌溉水管理技术集成方案,包括灌溉用水户参与管理形式、用水计量技术和信息传输处理技术。

(2)结合灌区节水型社会建设的契机,引黄灌区应在突出政府调控、市场引导、公众参与的管理体制基础上,建立灌溉用水总量控制、定额管理、水权明晰、优化配置的水资源管理运行机制。通过建立"水管单位-用水合作组织-用水户"的农户参与式灌溉管理模式,灌溉水价实行"三费"合一的"一价制",组建农户用水合作组织。由农民用水合作组织收费到户后上交水管单位。分析表明,灌溉水管理改革可节约渠引黄河水量 10%~20%,农民亩均节约水费 10 元左右,可以有效避免水费乱征现象,减轻农民不合理的水费负担,促进节约用水。

6.4.2.2　井渠结合灌溉模式的水资源管理及水费制度

宁夏渠引黄河水的水价偏低,灌区管理部门连年亏损,工程维护修缮资金难以得到有效保证,加重了政府的财政负担。由于水价偏低,灌区难以持续推广应用先进的节水灌溉技术,严重影响了区域经济社会健康可持续发展。近年来,宁夏回族自治区各级部门推进水价改革,对解决区域银北灌区渠道工程老化失修等问题起到了积极作用,灌区的工程管理维护有所改善,对灌区工程改造、维护及促进节约用水等方面起到了积极效果。

6.4.2.3　井渠结合灌溉模式的水资源管理制度

1.农业供水管理体制

改革银北灌区农业供水管理体制有利于灌区的生存发展,也是确保井渠结合灌溉模式得以发展的必备条件之一。近年来,由于银北灌区工业化、城市化以及农业产业化进程加快,水资源紧缺矛盾不断加剧,推动灌区农业供水管理体制改革和运营机制创新。供水管理体制和水价运行机制改革的核心内容是适应市场经济规律要求,农业用水户自主管理、自我约束、自我发展。

长期以来,银北灌区的支斗渠由用水户"投资、投劳",为用水户服务的工程设施由国家补足共建。由于产权不明晰、管理责任不到位、重建轻管等原因,灌区水利工程设施老化失修严重。此外,灌区终端用水计量设施未配套,终端水价受到进一步制约。因此,农业供水管理体制改革以推行"供水到户"为目标,以改革收费方式和供水方式为切入点,健全由水管单位、乡村农户及承包等多方参与组成的供水合作组织、供水公司等组织形式。供水合作组织或供水公司一方面负责灌区支渠的供水管理并配水至斗渠口,另一方面负责收缴支渠和斗渠的工程维修水费。供水合作组织或供水公司代表用水户行使支渠和斗渠的管理权,并负责支渠、斗渠及附属工程设施的维护管理,通过完善激励机制和约束机制,保障灌区水利工程设施持续使用和维护。

2.合理的水价形成机制

根据《宁夏引(扬)黄灌区管理及农业水价综合改革相关机制与核心问题研究》(宁夏回族自治区水利科学研究院,2020 年 4 月),渠引黄河水现状水费收缴原则如下:

(1)水量调度实行"丰增枯减"的原则,水管单位按照各市、县(区)的年度用水指标及核实的灌溉面积和作物种植结构,合理调配水量。

(2)坚持"应收尽收"的原则。水管单位严格执行水价政策，水费收缴实行由水管单位直接开票到户的办法，按照现行水价标准向用水户计收水费，在水票之外，任何单位和个人不得向农民计收水费。凡超定额用水一律实行加价收费，做到"应收尽收"。

(3)末级渠系水费实行"单独建账、一事一议"的原则。水费收缴实行统一收取、先交后返、分级使用的管理办法。水管单位在足额收取水费之后，向农民用水合作组织及时足额返还末级渠系水费。银北灌区现行水价依据《关于调整我区引黄灌区水利工程供水价格的通知》(宁价商发〔2008〕54号)，自2009年1月1日起，以支渠口为计量点，自流灌区农业灌溉定额内水价执行3.05分/m³(其中干渠水价2.5分/m³，支渠以下水价0.55分/m³)，超定额水价5.05分/m³(其中支渠以下水价0.55分/m³)。

自流灌区在干渠渠道供水价格中，包括返还末级渠道水价(0.55分/m³)，但由于定价较低，大部分农民用水管理组织多采用一事一议的办法，召集由乡镇水管人员、村委会、农民用水户、农民用水管理组织水管人员参加的讨论会，确定亩均水费收费标准(包括上缴水管部门的干渠、末级渠系水费)。确定的水费收缴标准远高于物价局核定的3.05分/m³供水价格，且几乎全部按亩收费，价格在45~110元/亩，大多在70~80元/亩。扬黄灌区的干渠渠道供水价格中，不包括返还末级渠道水价，由各村组采用一事一议的办法，自行定价收取。

根据宁夏回族自治区水利科学研究院现场调查研究，2017年兴庆区、金凤区、西夏区、贺兰县、永宁县、大武口区、平罗县、惠农区的农户实交水费分别为58.2元/亩、75.4元/亩、46.6元/亩、60.5元/亩、57.3元/亩、40元/亩、45.3元/亩、48元/亩。有排灌泵站和农用机井的农民用水管理组织应收水费与管理处水费收缴总额相比，倍数为1.6~3.98。

水价形成机制按照国家发展和改革委员会2022年12月22日发布的《水利工程供水价格管理办法》的要求，按照"激励约束并重、用户公平负担、发挥市场作用"的原则。一是认真执行现行水价，即三费合一，或二改一价。将现行的干渠水价、征工款和支渠维护管理费三费合一，实行"一价制"水价政策。二是水利工程供水价格以准许收入为基础核定，具体根据工程情况分类确定。政府投入实行保本或微利，社会资本投入收益率适当高一些。少数国家重大水利工程根据实际情况，供水价格可按照保障工程正常运行和满足还贷需要制定。三是水利工程供水价格监管周期为5年。如监管周期内工程投资、供水量、成本等发生重大变化，可以提前校核调整。四是水利工程供水实行分类定价，按供水对象分为农业用水价格和非农业用水价格。农业用水是指由水利工程直接供应的粮食作物、经济作物和水产养殖等用水;非农业用水是指由水利工程直接供应的除农业用水外的其他用水,其中供水力发电用水和生态用水价格由供需双方协商确定,生态水价格参考供水成本协商。

3.水费收缴方式改革

根据《宁夏引(扬)黄灌区管理及农业水价综合改革相关机制与核心问题研究》(宁夏回族自治区水利科学研究院,2020 年 4 月),银北自流灌区现状水费收缴程序为:农民用水管理组织根据水管单位预交水费计划,向用水户预收水费,水费收缴票据基本以自购收据为主或者在缴费花名册上签字确认即可。在收取干渠水费的同时,农民用水管理组织按照一事一议确定的亩均水费收费标准一并向农户收取水费(收费面积多为配水面积,部分按照实际灌溉面积收取)后,向水管单位分阶段上缴水费,冬灌结束,全年总水费算清后,水管单位向农民用水管理组织返还末级渠系水费。扬黄灌区水费按照各支渠实测水量,由灌区各农民用水管理组织按灌溉时间计量到户,根据用水户用水量、干渠水价及末级渠系水价,向农户收取水费,分阶段将收到的干渠水费上缴到各干渠管理单位,末级渠系水费直接用于农民用水管理组织的开支,主要包括水管员工资、零星维修等。

参考《宁夏引(扬)黄灌区管理及农业水价综合改革相关机制与核心问题研究》(宁夏回族自治区水利科学研究院,2020 年 4 月),银北灌区水费计收主体为农民用水管理组织。农民用水管理组织后期可按如下方式进行改进:严格按照核定的水价、农户实际用水量,按方收费、超定额累进加价;农民用水管理组织在供水中实行供水证、供水卡制度,供水证每户一本,由农户保存,供水卡由协会配水员保存,每浇完一轮水,供需双方在供水证、供水卡上签字,相互认可;每个用水户要建立农户用水明细台账,协会建立各用水小组台账,水管单位建立各协会水账,形成账、卡、证相对的连环体系;农民用水管理组织定期公示农户用水资料,向农户收费必须开具票据,严禁以水费的名义向农户收取其他费用;改革水费收缴方式,探索新型信息化水费收缴方式,避免水管人员私自截留水费等现象。

4.灌区井渠结合模式下的高效用水管理机制

参考国内井渠结合灌溉模式成功经验,银北灌区井渠结合模式下的高效用水管理机制和办法包括:根据当地具体实际制订分时段水量分配方案,实时进行水量分配与调度;健全管理机构、完善管理体制,落实机井管护责任,促进现有机井充分发挥作用;各水管单位要配合市县水务部门做好机井使用维修的计划和统计工作,落实机井更新维修改造资金,确保机井运行完好;以水价为经济调控杠杆,促进水资源有效利用。

第 7 章　优化配置原则与模型构建

7.1　优化配置基本原则与方法

水资源优化配置就是针对区域水资源系统,利用优化技术方法,依据单一目标或多目标,在水资源系统的综合约束条件下,使水资源配置达到目标最优的过程。水资源优化配置需要遵循一定的原则和方法。

7.1.1　水资源优化配置原则

7.1.1.1　坚持可持续利用原则

优化配置水资源,必须坚持有利于水资源可持续利用的原则。要将水量和水质统一纳入水资源的配置之中,同时考虑水资源分配的平衡和生态要求。

7.1.1.2　坚持统一管理、监督的原则

优化配置水资源,必须贯彻水资源统一管理、监督的原则。实施科学合理配置的前提是水资源统一管理。水资源统一管理必须坚持流域管理与行政区域管理相结合、水量与水质管理相结合、水资源管理与水资源开发利用工作相结合的原则。

7.1.1.3　坚持总量控制和定额管理相结合的原则

优化配置水资源,必须坚持总量控制和定额管理双控制,按照"以水定产业、以水定规模、以水定发展"的原则。根据区域行业定额、人口经济布局和发展规划、生态环境状况及发展目标预定区域用水总量,区域根据区域总量控制的要求按照用水次序和行业用水定额通过取水许可制度的实施对取用水户进行水量的分配。根据技术经济发展状况和当地可利用水量,及时调整修订行业用水定额。

7.1.1.4　坚持多水源统一调配原则

优化配置水资源,必须坚持多水源统一调配原则。目前,灌区地下水可开采量尚有一定开采潜力。同时,中水回用及污水再利用前景可观。应在用好、用足黄河分配水量的同时,对地下水、中水、污水充分利用。在水资源丰富、水质条件允许的区域,规划布井、建站,实行渠、井、沟三水联灌,渠水、井水、回归水统一调度。

7.1.1.5　坚持公平与效率的原则

优化配置水资源,公平和效率既是出发点,也是归属。在配置过程中,充分考虑不同地区、不同人群生存和发展的平等用水权,并充分考虑经济社会和生态环境的用水需求。合理确定行业用水定额,确定用水优先次序,确定紧急状态下的用水保障措施和保障次序。与水资源有偿使用制度相衔接,优化水资源配置,提高水资源的利用效率。

7.1.2　水资源优化配置方法

本次配置主要采用水权约束、总量控制、定额配水、丰增枯减、超罚节奖、合理流转等方法。

7.1.2.1　水权约束

国务院"八七"分水方案给宁夏分配的 40 亿 m³ 可耗黄河水量就是水权的总控制指标。宁夏现已将此指标作为初始水权分配至各县(市、区)。银北灌区各县(市、区)耗水量严格按照初始水权分配指标进行水量约束。

7.1.2.2　总量控制

按照黄河水利委员会《黄河流域水资源综合规划》结果,在正常年份到 2010 年以后黄河水利委员会分配全区的取水量仅有 64.7 亿 m³,耗水量 37.32 亿 m³。这是宁夏全区今后一段时间黄河用水的总量控制指标。要根据全区国民经济发展需要和产业布局,各行各业取用黄河水必须在 64.7 亿 m³ 内进行合理配置。在未来一定时期内不能用足指标的情况下,其用水指标由干流黄河水使用。银北灌区根据水权分配的总引水指标进行各县(市、区)水量配置。

7.1.2.3　定额配水

按照"以水定产业、以水定规模、以水定发展"的原则,各地区按照分配水量指标,通过定额测算水量,进行产业布局。同时根据国民经济发展水平对行业定额进行修订。

7.1.2.4　丰增枯减

根据黄河来水情况,按照黄河水利委员会年度调度指令和地下水动态情况,建立不同水平年来水情况下的配水调剂细化方案。根据丰增枯减原则,生活用水、工业用水基本不减;扬黄灌区农业用水原则上不减或减少幅度适当偏小;引黄灌区农业用水同比例减小,适当增加地下水开采量。

7.1.2.5　超罚节奖

在确定的水量分配方案下,实行超用处罚、节约奖励的节约用水激励机制,体现优化配置的责、权、义原则,将节约用水真正落到实处。

7.1.2.6　合理流转

在政府的主导下,引入市场机制,对节约水量进行合理流转,利用流转机制促进水资源的优化置和高效利用,体现可持续发展、公平和效率的原则,建立水资源的有偿使用机制。

7.2 行业配置原则及主要模式

灌区应本着"确保生活用水,满足工业生产,减少农业用水,兼顾生态环境需求"的原则,对水资源进行合理配置,在水资源严重不足的情况下,应根据区域经济社会效益最大的原则,明确用水指标,确定用水定额,通过控制用水和限额供水,在各部门之间进行水资源合理分配,促进水资源的有效利用和优化配置。

7.2.1 行业配置原则

(1)压减农业不合理用水,建设节水、高效农业供用水体系。农业是用水大户,通过适度调整水稻种植面积,扩大抗旱、省水作物;压减小麦套种玉米,扩大单种玉米;稳定粮食,扩大饲草;稳定种植业,扩大林果业等措施,保障粮食安全,改善生态环境,逐步建立起以森林植被为主体、林果草结合的绿洲生态安全体系。维持合理的地下水位与动态平衡,盐渍化土壤得到改良,湖泊湿地得到保护。

(2)适应城市与工业用水需求,建设节水型城市与工业供水体系。

城市用水首先要加强对现有地下水源和水质的保护力度,以开源为辅、节流为主。大力推进节水器具普及率,改善城市供水设施老化失修局面,减少城市用水中的跑、冒、漏率,充分利用中水资源。同时,在必要时用地表水补充水源的不足,防止地下水降落漏斗的扩大。

为了满足工业迅速发展的需水要求,必须执行节水型工业用水指标,同时新增的工业用水在 2015 年左右只能靠农业节水和工业自身节水改造来解决。为了保证农业用水减少后,不对农民收入造成损失,必须严格实行水权转换制度。

7.2.2 配置的主要模式

7.2.2.1 地表水与地下水联合运用模式

银北灌区农业用地下水是分散开采浅层地下水,不会产生漏斗等地质问题,而且灌区浅层地下水无效蒸发大,既是浪费水资源,又是造成土壤盐渍化的主要原因。农业应适当增加地下水开采量,可减少农业黄河水的利用量,有效保证工业黄河水的使用安全。因此,就开辟新水源、优化水源结构、改善土壤盐渍化而言,实施地表水与地下水联合运用模式都是合理可行的。

7.2.2.2 地下水优化开发利用模式

地下水易于开采和便于管理,历来为人们所重视,同时由于地下水资源的数量和质量在空间分布上存在着不均衡性,增加了开发利用的难度。地下水优化开发利用的原则是分质供水、节约用水,不影响水环境恶化,保证地下水永续利用。

　　针对灌区地下水赋存条件与水文地质特点,区别不同情况,对开采地下水采取鼓励、控制、限制开发的方针。按照地下水功能区划,划定鼓励开采区、控制开采区、限制开采区。

7.3　数值模型构建及水均衡分析

　　为了充分发挥井渠结合灌溉模式的效益,实现对地下水位适时调控,有效防治土壤次生盐碱化,保障灌区主要农作物的灌溉需求,本书以地下水埋深作为调控指标,以惠农区井渠结合项目区为典型研究区,建立地表水、地下水联合利用模型,根据不同水文年的井渠结合模式实际运行监测资料,分别对渠道供水充足和渠道供水紧张情况下的井渠结合运行模式进行模拟分析,优化配置,提出井渠结合高效灌溉模式。

　　根据钻孔资料数据,典型研究区表层 3~4 m 属亚黏土层,亚黏土层下为 23~25 m 细砂层,夹黏土透镜体,细砂层以下为连续的黏土层。典型研究区地下水主要接受田间灌溉入渗、渠道渗漏入渗、降雨入渗以及上游地下水侧向径流补给;以潜水蒸发、侧排入排水沟、地下水侧向径流流出等方式排泄。本系统包括水资源供给系统和消耗系统。就整个研究区而言,水资源供给系统主要包括大气降水、渠道来水以及地下水侧向流入量,水资源消耗系统主要包括腾发量和地下水侧向流出量。

7.3.1　模型结构

　　基于研究区水文地质条件及地下水补给、排泄等要素,本书采用经典的三维地下水流有限差分模型 Visual Modflow 软件构建研究区的地下水模型。

7.3.1.1　Modflow 数学模型

　　1.非稳定流偏微分方程

　　在非均质、各向异性孔隙介质中,三维地下水非稳定流的偏微分方程可描述为

$$\frac{\partial}{\partial x}\left(K_{xx}\frac{\partial H}{\partial x}\right)+\frac{\partial}{\partial x}\left(K_{yy}\frac{\partial H}{\partial y}\right)+\frac{\partial}{\partial x}\left(K_{zz}\frac{\partial H}{\partial z}\right)+\omega=S_s\frac{\partial H}{\partial t} \tag{7-1}$$

式中:K_{xx}、K_{yy}、K_{zz}为地下水流 x、y、z 方向的渗透系数,L/t;H 为地下水水头,L;ω 为源、汇项的单位面积上的通量,L/t;S_s 为孔隙介质的单位储水系数,1/L。

2.有限差分结构

根据研究区的水文地质特征和软件模拟计算需求,将研究区含水层在平面上剖分为等距和不等距的网格,在竖向剖面上划分为矩形和不规则的网格,将含水体离散为一系列由行、列、层标记的小单元体,见图7-1。

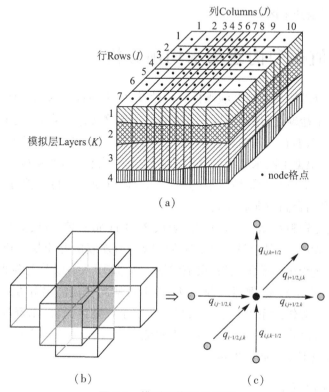

（a）

（b）　　　　　　　　　　（c）

图7-1　模型网格剖分示意

根据质量守恒定律,单位时间内流经单位体积介质的水量增量恒等于介质储量增加。结合单元体中心差分形式,三维地下水运动偏微分方程的隐式差分方程为

$$\mathrm{CR}_{i,j-1/2,k}(H^m_{i,j-1,k}-H^m_{i,j,k})+\mathrm{CR}_{i,j+1/2,k}(H^m_{i,j+1,k}-H^m_{i,j,k})+\mathrm{CC}_{i-1/2,j,k}(H^m_{i-1,j,k}-H^m_{i,j,k})+$$

$$\mathrm{CC}_{i+1/2,j,k}(H^m_{i+1,j,k}-H^m_{i,j,k})+\mathrm{CV}_{i,j,k-1/2}(H^m_{i,j,k-1}-H^m_{i,j,k})+\mathrm{CR}_{i,j,k+1/2}(H^m_{i,j,k+1}-H^m_{i,j,k})+$$

$$P_{i,j,k}H^m_{i,j,k}+Q_{i,j,k}=S_{si,j,k}(\Delta r_i\Delta c_j\Delta v_k)\frac{H^m_{i,j,k}-H^{m-1}_{i,j,k}}{t_m-t_{m-1}} \tag{7-2}$$

式中:$\mathrm{CR}_{i,j-1/2,k}$、$\mathrm{CR}_{i,j+1/2,k}$为k层、i行上节点$(i,j-1,k)$与(i,j,k)和(i,j,k)与$(i,j+1,k)$间的导水能力,数值上等于渗透系数乘以过水断面的面积除以渗流长度,L^2/t;$\mathrm{CC}_{i-1/2,j,k}$、$\mathrm{CC}_{i+1/2,j,k}$为k层、j列上节点$(i-1,j,k)$与(i,j,k)和$(i,$

j,k)与($i+1,j,k$)间的导水能力,L^2/t;CV$_{i,j,k-1/2}$、CV$_{i,j,k+1/2}$为k层、j列上节点 ($i,j,k-1$)与(i,j,k)和(i,j,k)与($i,j,k+1$)间的导水能力,L^2/t;$H_{i,j,k}^m$为第m时 段节点(i,j,k);$P_{i,j,k}$为节点(i,j,k)与水头变化相关的源汇项系数;$Q_{i,j,k}$为节 点(i,j,k)与水头变化无关的源汇项系数;$H_{i,j,k}^{m-1}$为第$m-1$时段节点(i,j,k)。

　　式中各水头变量的系数通过计算可以得到,属已知量,计算时段初始水头 为已知量;计算时段末差分网格中的水头为未知量。对每一差分网格均可建 立类似方程,而对于每个网格仅有一未知水头值,联立求解方程组就可得到时 段末各网格的水头值。

　　3. Visual Modflow 数学模型

　　在上述地下水系统概念模型的基础上,根据质量守恒定律和能量守恒定 律,建立浅层地下水系统的数学模型为

$$\frac{\partial}{\partial x}\left[K(H-B)\frac{\partial H}{\partial x}\right]+\frac{\partial}{\partial y}\left[K(H-B)\frac{\partial H}{\partial y}\right]+\omega=\mu\frac{\partial H}{\partial t} \tag{7-3}$$

$$H(x,y,t)\big|_{t=0}=H_0(x,y) \tag{7-4}$$

$$H(x,y,t)\big|_{\Gamma 1}=H_1(x,y,t) \tag{7-5}$$

$$\left[K(H-B)\frac{\partial}{\partial \vec{n}}H(x,y,t)\right]\Bigg|_{\Gamma 2}=Q_0(x,y,t) \tag{7-6}$$

式中:K为渗透系数,L/t;H为地下水水头,L;B为含水层底板标高,L;ω为含 水层单位面积上垂向水量交换量,L/t;μ为含水层给水度,无量纲;H_1为第一 类边界上的水位,L;Q_0为第二类边界上的单宽流量,L/t;Γ_1为第一类边界条 件;Γ_2为第二类边界条件;$\vec{n}$为第二类边界上单位外法线向量。

　　4. 网格剖分与岩层属性设置

　　在 Visual Modflow 中,将研究区地层分为亚黏土层和粉细砂层。上部亚 黏土层厚 3~4 m,渗透系数取值介于 0.3~0.8 m/d,给水度取值介于 0.03~ 0.038;下部粉细砂层厚 23~25 m,渗透系数取值介于 4~7 m/d,给水度取值介 于 0.09~0.12。研究区域剖分为 100 行、200 列,在机井、排水沟附近加密网 格,最后分为 150 行、250 列,共计 37 500 个网格。初始水头为地下水观测井 2019 年 4 月 30 日的观测资料及插补水位。

7.3.1.2 数值模型概化

　　基于对研究区水文地质条件的综合分析,抽象、概化出研究区水文地质概 念模型。研究区上部浅层地下水系统为非均质各向同性介质,与外界联系密 切,在常温下均符合质量守恒定律和能量守恒定律,水分运动服从 Buckingham-Darcy 通量定律;地下水流概化为三维非稳定流,地下水运动均符

合 Darcy 定律。地下水补给主要来自田间灌溉入渗补给和渠系渗漏入渗补给,其次为大气降水入渗补给和侧向径流补给。地下水的排泄以潜水蒸发为主,其次为排水沟的侧向径流排泄,以及井灌时地下水开采量。

根据研究区实际情况,为简化模型,针对研究区的有效降水、渠道引水灌溉、地表积水、作物叶面积指数、根系吸水过程做出如下概化。

1.降水概化

结合研究区气象站 1959—2019 年的日值气象数据,采用 FAO 推荐的 Penman-Monteith 方法[68]计算研究区逐日的参考作物蒸发蒸腾量 ET_0,并将逐日累积降雨量与计算得到的参考作物蒸发蒸腾量进行比较,确定有效降水量,具体公式如下:

$$P_{eff} = \begin{cases} 0 & P_i \leqslant ET_{0i} \\ P_i - ET_{0i} & P_i > ET_{0i} \end{cases} \quad (7-7)$$

式中:P_i 为第 i 天的累积降雨量,即 20~20 h 降雨量,m;ET_{0i} 为第 i 天的参考作物蒸发蒸腾量计算值,m;P_{eff} 为第 i 天的有效降水量,m。

实际测量发现,研究区降水含盐量几乎为零,概化有效降水自地表入渗时携带盐量为零。

2.渠道引水灌溉概化

通过对研究区 2015—2019 年各支渠实际引水资料进行分析,概化作物生育期内(4—9 月)每次灌溉时间持续 10 d,冬灌期间灌溉时间持续 30 d,具体灌溉时间为 5 月中旬、6 月下旬、7 月下旬、8 月中旬、10 月下旬至 11 月中旬。

根据宁夏回族自治区水文水资源监测预警中心多年监测资料,宁夏境内黄河水多年平均矿化度为 0.505 g/L,因此概化经渠灌携带进入农田的盐分浓度为 0.505 kg/m³。由于盐分补给时间与对应的渠灌时间一致,渠灌水盐分浓度与各支渠灌溉补给量的乘积即为各支渠控制范围内的盐分补给量。

3.地表积水的概化

农田灌溉方式主要为渠灌,作物生育期内单次灌水定额通常较大,每次灌溉后地面会有 5~8 d 存在积水。在 10 月下旬至 11 月中旬冬灌期间,地表积水时间甚至达到 30 d 左右,积水深度 5~15 cm。因此,本书根据实际情况概化研究区地表允许积水,且积水最大深度为 0.2 m。

4.叶面积指数概化

叶面积指数是反映作物生长状况的一个重要指标,也是计算田间土壤蒸发量的重要参数。本书结合银北灌区主要粮食作物(小麦、玉米和水稻)的实际生长情况,根据现场监测数据,概化作物各阶段的叶面积指数,见图 7-2。

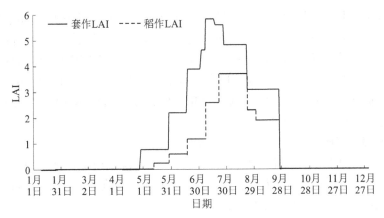

图 7-2　作物叶面积指数

5.根系吸水过程概化

作物进行光合作用、呼吸作用等生理活动及蒸腾作用所需要的水分、养分和部分无机盐主要依靠根系从土壤中吸收。本书参考 HYDRUS 模型关于土壤水分胁迫响应函数[69]的作物参数数据库,概化套作区和稻作区根系吸水参数,见表 7-1。

表 7-1　旱作和稻作根系吸水关键参数

项目	P0	Popt	P2H	P2L	P3	r2H	r2L
旱作物	−0.15	−0.30	−3.25	−6.0	−80	0.005	0.001
水稻	1.00	−0.55	−2.50	−1.6	−150	0.005	0.001

Feddes 等[69]和 Raats[70]分别提出了根系吸水分布的"线性函数"模型和"指数函数"模型。本书根据研究区作物根的实际生长情况,借鉴根系吸水分布的"指数函数"模型,概化旱作物和水稻的根系吸水分布函数值,见图7-3。

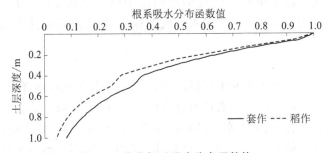

图 7-3　作物根系吸水分布函数值

作物在生长过程中吸收的土壤盐分通常随着作物的收获从土壤中析出。作物从土壤中的吸盐量主要受到作物类型、土壤盐分含量、气象条件等因素的影响。据苏联学者 К.П.帕克等的研究成果,春小麦从土壤中析出的盐量约为对应产量的 1/30,玉米从土壤中析出的盐量约为对应产量的 1/12。由于作物在生育期内通过根系吸收的土壤盐分相对农田土壤盐分本底值较小,本书概化研究区作物根系吸盐量为零。

7.3.1.3 源汇项

模型的源汇项可概化为点、线、面三类。点状源汇项主要是机井开采地下水,线状源汇项主要包括灌溉渠道的渗漏和农田土壤向排水沟排水,面状源汇项主要由灌溉入渗、降水入渗和潜水蒸发构成。

1.点状源汇项

经实地勘察调研发现,宁夏水利部门在 1977—1982 年和 2003—2007 年进行了两次大规模机井建设。开采井类型为工业用井、城镇生活用井、农村生活用井及农业用井 4 种形式,结合水资源公报及相关统计数据,确定开采井开采强度,模型中以 Pumping Wells 的形式参加计算。

2.线状源汇项

1)渠道渗漏

渠道渗漏补给是区内地下水的主要补给源之一。模型采用 RIVER 模块处理渠道。渠道引水系统向地下水补给速率 Q_r 可通过下式计算:

$$Q_r = K' \frac{H_r - H}{M'} A = C(H_r - H) \tag{7-8}$$

式中:H 为引水渠所在单元(节点)地下水位,m;H_r 为引水渠水位标高,m;K' 为引水渠淤积物垂向渗透系数,m/d;M' 为引水渠淤积物厚度,m;A 为引水渠在所在单元的面积,m²;C 为引水渠淤积物导水性能,m²/d。

当地下水位高于引水渠底部标高但低于引水渠水位时,渗漏补给量按式(7-8)计算;当地下水位低于引水渠底部标高时,渗漏补给速率达到最大值($Q_r = K'A$)。

2)排水沟排水

排水沟是区内地下水的主要排泄通道之一。当灌溉或强降雨后,位于沟底位置以上的土壤中的重力水将通过侧渗的方式移运到排水沟;当地下水位高于排水沟底位置时,地下水通过侧渗方式向排水沟排泄,农田水位对应下降直至与排水沟中的水位一致;很少存在排水沟中水位高于地下水位从而形成排水补给地下水的情况。模型中采用 DRAIN 模块处理排水沟,当地下水位高于排水沟排水高程时,排水量按式(7-8)计算;当地下水位低于排水沟排水标

高时,排水量为 0。地下水系统与排水沟之间的交换量通过下式计算:

$$Q_d = K' \frac{H_d - H}{M'} A = C(H_d - H) \qquad (7-9)$$

式中:H 为排水沟所在单元(节点)地下水位,m;H_d 为排水沟排水标高,m;K' 为排水沟淤积物垂向渗透系数,m/d;M' 为排水沟淤积物厚度,m;A 为排水沟在所在单元的面积,m²;C 为排水沟淤积物导水性能,m²/d。

3.面状要素

1)渠道灌溉

农田灌溉入渗补给指灌溉水进入农田后经包气带下渗的水量,是银北灌区地下水的主要补给源,主要发生在农业区灌溉期。据各干渠管理处提供的多年引水数据,结合区域农田分布,将农田灌溉入渗补给量换算为面状补给强度,Visual Modflow 模型中采用 RECHARGE 模块。农田灌溉入渗速率计算式如下:

$$Q_{灌溉} = \eta_{渠系} Q_{引} \qquad (7-10)$$

$$q_{灌溉} = \frac{Q_{灌溉}}{FT} \qquad (7-11)$$

式中:$Q_{灌溉}$ 为渠灌入渗水量,m³;$\eta_{渠系}$ 为支渠至农渠的渠系水利用系数,取值 0.795;$Q_{引}$ 为支渠首端引水总量,m³;$q_{灌溉}$ 为田间灌溉入渗量,m/d;F 为计算域面积,m²;T 为灌溉持续时间,d。

2)大气降水

研究区降水量较小,主要集中在 7—9 月,多发生暴雨。结合多年气象资料日值数据,计算研究区逐日潜在蒸发蒸腾量,忽略作物地上部分截流的蒸发损失,通过对比日降水量与日潜在蒸发量,即可确定研究区的日降水有效入渗量。研究区年降水入渗水量在 15~126 mm,多年平均有效降水入渗量为 58 mm。根据研究区大气降水入渗补给系数的平面分布,将大气降水入渗补给量以面状强度加入模型。在模型中计算大气降水入渗补给量时,将该补给量作用于最上一层活动单元,即当某地段第一层为透水不含水时(呈疏干状态,为非活动单元),大气降水补给量将作用于其下部含水单元上。

3)潜水蒸发

作物蒸腾量和土壤蒸发量组成了研究区的潜水蒸发量,共同构成非饱和带土壤表面的排泄项,结合 Evapotranspiration 模块输入模型进行计算,并将该排泄量作用于最上一层,当某区域第一层为疏干状态时,该区域潜水蒸发量计为 0。

7.3.2 模型率定与验证

银北灌区的浅层地下水动态特征为灌溉入渗-蒸发型,地下水埋深年际变化小,年内变化较大,地下水位呈动态周期性变化规律。银北灌区布置48眼国家级地下水观测井和43眼省级地下水观测井。根据研究区的省级监测井观测资料,模型模拟时间为2019年4月30日至2021年4月29日,历时1 095 d,划分为157个时段。以省级监测井所在水文单元为主要拟合目标,通过人工试错法反复调试,力求模拟计算水位与实测水位趋于接近。部分观测井的模拟过程线与实测过程线趋势吻合,除个别时间点外,地下水埋深平均误差小于0.2 m,具体验证结果见图7-4~图7-9。

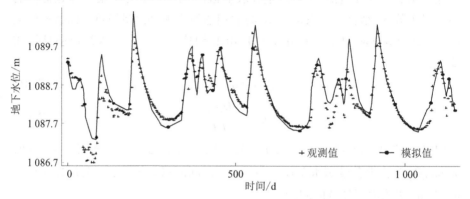

图7-4 "A石1-6"号观测井地下水位拟合曲线

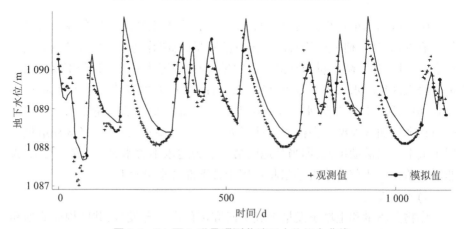

图7-5 "A石2-9"号观测井地下水位拟合曲线

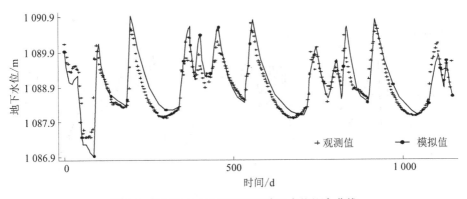

图 7-6　"A 石 3-11"号观测井地下水位拟合曲线

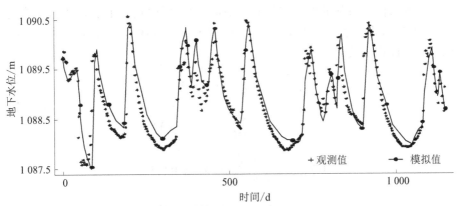

图 7-7　"A 石 1-1"号观测井地下水位拟合曲线

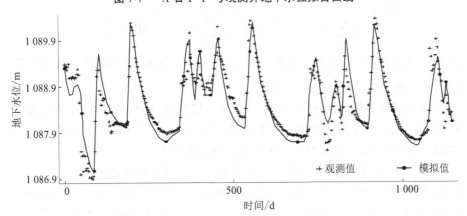

图 7-8　"S 石 6"号观测井地下水位拟合曲线

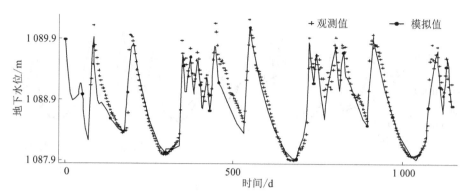

图 7-9 "S 石 15"号观测井地下水位拟合曲线

为了对模型参数的率定和验证效果进行综合衡量,本书引入 3 个评价指标,分别为纳什效率系数 NSE、均方根误差 RMSE 和决定系数 R^2。各检验指标的具体计算公式如下:

$$NSE = 1 - \frac{\sum\limits_{i=1}^{n} (SV_i - MV_i)^2}{\sum\limits_{i=1}^{n} (SV_i - \overline{SV})^2} \tag{7-12}$$

$$RMSE = \sqrt{\frac{1}{n} \sum\limits_{i=1}^{n} (SV_i - MV_i)^2} \tag{7-13}$$

$$R^2 = \left\{ \frac{\sum\limits_{i=1}^{n} (SV_i - \overline{SV})(MV_i - \overline{MV})}{\left[\sum\limits_{i=1}^{n} (SV_i - \overline{SV})^2 \right]^{0.5} \left[\sum\limits_{i=1}^{n} (MV_i - \overline{MV})^2 \right]^{0.5}} \right\}^2 \tag{7-14}$$

式中:n 为实测值数目;SV_i 为第 i 个实测值;MV_i 为第 i 个模拟值;$\overline{SV}$ 为实测值的平均值;$\overline{MV}$ 为模拟值的平均值。

均方根误差越接近于 0,表明模型的模拟精度越高;决定系数越接近于 1,反映模拟值越接近于实测值。通常,均方根误差与实测值的平均值之比应控制在 20%以内,决定系数大于 0.5 即达到率定要求。

基于研究区典型观测井附近的地下水埋深的参数验证评价指标见表 7-2。由表 7-2 可以看出,纳什效率系数介于 0.907~0.937,均方根误差介于 0.017~0.047,决定系数不小于 0.89,这表明率定后的 Visual Modflow 模型可以用于模拟研究区的地下水系统动态演变过程。

表 7-2 模型参数验证评价指标

参数	A石1-6	A石2-9	A石3-11	A石1-1	S石6	S石15
NSE	0.937	0.918	0.935	0.932	0.907	0.928
RMSE	0.028	0.023	0.017	0.037	0.047	0.035
R^2	0.91	0.90	0.93	0.89	0.91	0.92

7.3.3 项目区水均衡分析

银北灌区地下水补给项主要包括田间灌溉入渗补给、渠道渗漏入渗补给、大气降水入渗补给、地下水侧向径流补给。此外,当排水沟水位高于地下水位时,排水沟排水也通过入渗补给地下水;银北灌区地下水排泄项主要包括潜水蒸发、渗入排水沟、机井开采、地下水侧向径流。研究区 2019—2021 年地下水补给及排泄项见表 7-3。2019 年地下水总补给量约 115.83 万 m³,其中灌溉入渗补给量约 95.62 万 m³,降水入渗补给量约 8.39 万 m³,侧向径流补给量约 5.61 万 m³,排水沟入渗补给量约 6.21 万 m³;地下水总排泄量约 113.42 万 m³,其中潜水蒸发量约 38.03 万 m³,排入排水沟约 8.86 万 m³,机井开采约 59.43 万 m³,侧向径流流出约 7.12 万 m³。2020 年地下水总补给量约 136.50 万 m³,其中灌溉入渗补给量约 113.5 万 m³,降水入渗补给量约 10.38 万 m³,侧向径流补给量约 6.87 万 m³,排水沟入渗补给量约 5.94 万 m³;地下水总排泄量约 138.82 万 m³,其中潜水蒸发量约 53.23 万 m³,排水沟排泄地下水 9.71 万 m³,机井开采 70.00 万 m³,侧向径流流出约 5.88 万 m³。2021 年地下水总补给量约 89.32 万 m³,其中灌溉入渗补给量约 77.72 万 m³,降水入渗补给量约 3.45 万 m³,侧向径流约 2.32 万 m³,排水沟入渗补给量 5.83 万 m³;地下水总排泄量约 86.35 万 m³,其中潜水蒸发量约 45.96 万 m³,排水沟排泄地下水 9.09 万 m³,机井开采 23.49 万 m³,侧向径流流出约 7.82 万 m³。

表 7-3 研究区 2019—2021 年地下水均衡　　　　　　单位:m³

项目		2019 年	2020 年	2021 年
	合计	1 158 250	1 365 020	893 170
补给项	灌溉入渗	956 230	1 135 000	777 230
	降水入渗	83 870	103 760	34 500
	侧向径流	56 050	66 860	23 180
	沟水入渗	62 100	59 400	58 260

续表 7-3

项目		2019 年	2020 年	2021 年
排泄项	合计	1 134 230	1 388 210	863 530
	潜水蒸发	380 250	532 340	459 570
	排水沟	88 580	97 100	90 900
	机井开采	594 250	700 000	234 900
	测向流出	71 150	58 770	78 160
蓄变量		24 020	−23 190	29 640

第8章　银北灌区地表水与地下水优化配置方案

地表水与地下水联合利用是为了促进区域水资源供需平衡,提高水资源节约集约利用水平,保障区域经济社会生态发展的供水需求。国家发展和改革委员会等部门2021年12月联合发布了《关于印发黄河流域水资源节约集约利用实施方案的通知》(发改环资〔2021〕1767号),提出做好地下水的采补平衡,统筹考虑地下水、地表水联合配置与时空合理利用;强化再生水利用,推进区域污水资源化利用;促进雨水利用,发展集雨补灌;推动矿井水、苦咸水、海水淡化水利用,在盐分指标符合要求的前提下,鼓励采用直接利用、咸淡混用和咸淡轮用等方式,将苦咸水用于农业灌溉和景观绿化。本书结合率定、验证后的 Visual Modflow 模型,系统剖析典型灌溉条件下的地下水埋深动态,基于水资源优化配置原则,提出灌区地表水与地下水联合配置方案、渠引黄河水资源配置方案和非常规水资源配置方案,以期为灌区经济建设、社会发展、生态环境保护的水资源保障提供理论参考。

8.1　典型灌溉条件下的地下水埋深动态

银北灌区干旱少雨、蒸发强烈,作物生长用水主要来源于农田灌溉。宁夏回族自治区人民政府办公厅2020年9月印发了《宁夏回族自治区有关行业用水定额(修订)的通知》,青铜峡河西银北灌区水稻控制灌溉定额为790 m³/亩,水稻常规灌溉定额为1 000 m³/亩;春小麦生育期内畦灌定额为230 m³/亩,冬灌定额为60 m³/亩;冬小麦播前灌溉定额为60 m³/亩,生育期内灌溉定额为210 m³/亩;玉米畦灌播前定额为60 m³/亩,生育期内灌溉定额为210 m³/亩;玉米沟灌播前定额为60 m³/亩,生育期内灌溉定额为145 m³/亩;玉米露地滴灌定额为180 m³/亩,玉米膜下滴灌定额为140 m³/亩;油葵畦灌定额为190 m³/亩,滴灌定额为120 m³/亩;日光温室蔬菜膜下滴灌定额为360 m³/亩,拱棚蔬菜膜下滴灌定额为260 m³/亩,露地蔬菜沟灌定额为380 m³/亩、滴灌定额为300 m³/亩,外销蔬菜喷灌定额为600 m³/亩;露地西瓜、甜瓜沟灌定额为170 m³/亩,滴灌定额为120 m³/亩;枸杞生育期内畦灌定额为400 m³/亩,冬灌定额为60 m³/亩;枸杞生育期内滴灌定额为230 m³/亩,冬灌定额为 40 m³/亩。

根据现场调查,主要灌溉渠道控制范围内的作物灌溉面积见表 8-1。水稻灌溉面积占比 25.86%,生育期内灌溉 8 次;小麦灌溉面积占比 39.84%,生育期内灌溉 4 次;玉米灌溉面积占比 13.38%,生育期内灌溉 4 次;其他谷物灌溉面积占比 0.20%,生育期内灌溉 3 次;马铃薯、油葵、露地蔬菜、枸杞、药材、瓜果、葡萄灌溉面积占比分别为 0.07%、1.52%、1.89%、1.27%、0.55%、0.04%、3.38%;设施农业灌溉面积占比 3.12%;其他作物灌溉面积占比 8.19%。

表 8-1　银北灌区作物灌溉面积　　　　　　　单位:万亩

作物	唐徕渠	西干渠	惠农渠	汉延渠	渠首	陶乐扬水
水稻	38.66	5.44	39.16	10.70	6.86	2.26
小麦	46.94	13.64	52.03	26.60	14.53	5.06
玉米	13.78	21.99	9.11	0.26	0.27	7.91
其他谷物	0.21	0.47	0.09	0.01		
马铃薯		0.29				
油葵	0.41	0.57	4.21			0.86
露地蔬菜	1.79	0.04	5.10	0.07	0.12	0.43
枸杞	2.13	2.20	0.68	0.01		0.04
药材	0.08	2.06				0.03
瓜果		0.03				0.02
葡萄	0.59	12.42		0.20	0.24	
设施农业	4.82	1.60	1.12	4.44	0.45	0.01
其他	16.97	7.17	3.25	7.01	0.93	0.19
合计	126.38	67.92	114.75	49.30	23.29	16.82

8.1.1　灌溉时段划分

根据研究区各类作物的需水情况,灌区的灌溉时段可划分为 7 个计算时段,第 1 时段为头水,4 月 30 日至 5 月 4 日;第 2 时段为二水,5 月 7 日至 5 月 20 日;第 3 时段为三水,5 月 25 日至 6 月 10 日;第 4 时段为四水,6 月 15 日至 7 月 1 日;第 5 时段为,7 月 10 日至 7 月 25 日;第 6 时段为秋浇期,8 月 20 日至 9 月 5 日;第 7 时段为冬灌期,10 月 20 日至 11 月 15 日。

8.1.2　分析情景

为探究研究区不同水文年下典型灌溉模式的地下水动态,设计两种水文年型:枯水年和丰水年。枯水年渠灌水量为 158 万 m^3,井灌水量为 56 m^3;丰水年渠灌水量为 182 万 m^3,井灌水量为 32 万 m^3,具体见表 8-2。

表 8-2　不同水文年型下地下水埋深动态

灌溉时段	枯水年($P=75\%$)			丰水年($P=25\%$)		
	渠灌水量/万 m^3	井灌水量/万 m^3	地下水埋深/m	渠灌水量/万 m^3	井灌水量/万 m^3	地下水埋深/m
4 月 20 日至 5 月 4 日	29.5		1.21	29.4		1.10
5 月 7 日至 5 月 20 日	26.2		1.11	24.2	2.1	1.06
5 月 25 日至 6 月 10 日	5.5	20	1.85	20	5.4	1.42
6 月 15 日至 7 月 1 日	5	22	1.95	22.6	4.5	1.22
7 月 15 日至 7 月 29 日	25.8		1.85	25.8		1.63
8 月 20 日至 9 月 5 日	25		1.45	25		0.55
9 月 10 日至 10 月 1 日	5	10	1.25	5	10	1.20
10 月 20 日至 11 月 15 日	36	4	0.55	30	10	0.34
合计	158	56		182	32	

8.1.3　枯水年模拟结果

结合率定、验证后的 Visual Modflow 模型分析枯水年典型井渠结合灌溉模式下的地下水埋深动态,模拟起始时间为 4 月 30 日,模拟截止时间为次年 4 月 29 日。在枯水年中,从 5 月 25 日开始抽水到 7 月 1 日连续抽取井水灌溉 42 d,抽水 42 万 m^3,形成局部地区地下水位降落漏斗,漏斗中心地下水最大埋深达到 10 m,此时研究区约有一半面积地下水埋深接近 3 m。地下水埋深受灌溉与机井开采影响显著,距抽水井 PW1 约 300 m 的观测孔 PW1-1 的地下水位过程线见图 8-1。从图 8-1 可以看出,研究区枯水年开采地下水 56 万 m^3,地下水位后期能够得以恢复,不再持续降落。

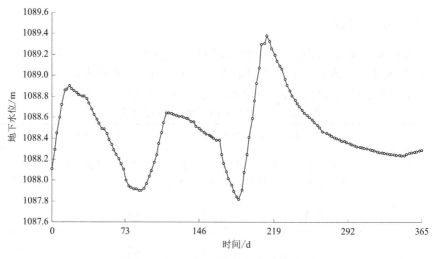

图 8-1 PW1-1 观测孔地下水位过程线

8.1.4 丰水年模拟结果

研究区丰水年的井灌水量为 32.1 万 m^3，渠灌水量为 181.8 万 m^3，距抽水井 PW2 约 150 m 的观测孔 PW2-1 的地下水位过程线见图 8-2。灌溉期抽水井 150 m 范围内地下水位低于 2 m，其余地方地下水位高于 2 m。在 9 月抽取地下水进行灌溉，地下水位降落显著，冬灌期渠灌 30 万 m^3、井灌 10 万 m^3 条件下，地下水位回升，研究区水位在分析时段内保持周期性稳定。

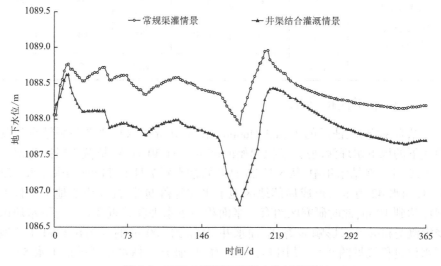

图 8-2 PW2-1 观测孔地下水位过程线

8.2　银北灌区地下水可开采量

地下水可开采量是指在可预见的时期内,通过经济合理、技术可行的措施,在不引起生态环境恶化的条件下从含水层获取的最大水量。确定平原区地下水可开采量除考虑地下水的水质、开采条件、经济技术措施外,还需要确保开采后地下水的水位下降不致引起生态环境恶化。

银北灌区降水年内分配不均匀,绝大多数降雨集中在 7—9 月,当地的地表水资源较少且水质较差,多以洪水形式出现,难以通过经济实惠的方式拦蓄而无法利用,故本次水资源配置不考虑当地的地表水资源可利用量,仅考虑当地的地下水资源。

参考《宁夏回族自治区县(区)水资源详查报告》相关研究成果,结合率定、验证后的 Visual Modflow 模型,分析得到银北灌区地下水资源量为 10.6 亿 m^3,地下水资源可开采量为 5.94 亿 m^3,可开采量仅占地下水资源总量的 56%。基于地下水资源可开采量,按各县(区)配置的地下水资源可开采量见图 8-3。银川市地下水资源可开采总量为 3.34 亿 m^3,石嘴山市地下水资源可开采总量为 2.60 亿 m^3,平罗县因其地下水补给条件较好,可开采量在银北灌区行政县(区)中达到最高,为 1.51 亿 m^3。

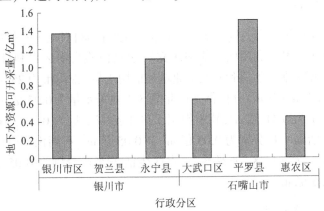

图 8-3　银北灌区地下水资源可开采量

8.3　灌区需水量分析

银北灌区渠引黄河水与地下水联合利用共同满足灌区不同行业用水需

求。由于不同水资源供水条件不同,需要分析不同行业的用水需求,然后针对不同水源进行科学配置。银北灌区需水主要由生活(居民和牲畜)、农业、工业、生态环境用水组成。

8.3.1　生活需水量

　　根据《自治区人民政府办公厅关于印发宁夏回族自治区有关行业用水定额的通知》(宁政办发〔2014〕182 号),银北灌区城镇综合用水定额为 130 L/(人·d);根据《村镇供水工程技术规范》(SL 687—2014),农村居民生活用水定额为 60 L/(人·d);根据《石嘴山市保障水安全实施意见》,确定城镇居民生活供水损失率为 10%,农村居民生活供水损失率为 15%;参考《石嘴山市引黄灌区浅层地下水开发利用项目前期研究》(宁夏回族自治区水利科学研究院,2018 年),灌区的大牲畜、小牲畜用水定额均为 40 L/(头·d)、15 L/(头·d)。

　　结合灌区人口数量和牲畜数量统计结果,分析得到银北灌区生活需水量为 0.698 亿 m^3。银川市生活总需水量为 0.56 亿 m^3,其中银川市区生活需水量为 0.386 亿 m^3,贺兰县和永宁县生活需水量分别为 0.068 亿 m^3 和 0.106 亿 m^3;石嘴山市生活总需水量为 0.138 亿 m^3,大武口区、平罗县、惠农区生活需水量分别为 0.045 亿 m^3、0.065 亿 m^3 和 0.028 亿 m^3。

8.3.2　工业需水量

　　参考《2020 年各市、县(区)用水总量及强度控制目标》和《石嘴山市引黄灌区浅层地下水开发利用项目前期研究》(宁夏回族自治区水利科学研究院,2018 年),根据工业增加值和万元工业增加值用水量(银川市为 25 m^3/万元,石嘴山市为 23.5 m^3/万元)分析得到银北灌区工业需水量为 0.95 亿 m^3。银川市工业总需水量为 0.41 亿 m^3,其中银川市区生活需水量为 0.31 亿 m^3,贺兰县和永宁县生活需水量分别为 0.05 亿 m^3 和 0.05 亿 m^3;石嘴山市生活总需水量为 0.55 亿 m^3,大武口区、平罗县、惠农区生活需水量分别为 0.05 亿 m^3、0.15 亿 m^3 和 0.35 亿 m^3。

8.3.3　农业需水量

8.3.3.1　灌溉定额

　　参考宁夏回族自治区人民政府办公厅文件《自治区人民政府办公厅关于印发宁夏回族自治区有关行业用水定额(修订)的通知》(宁政办发〔2020〕20 号),结合不同作物实际灌溉用水情况,确定规划年主要作物畦灌及高效节水灌溉净定额取值见表 8-3、表 8-4。

表 8-3　常规灌溉定额　　　　　　　　　　　　　单位:m³/亩

项目	水稻	春小麦	冬小麦	玉米	油葵	枸杞
生育期灌溉	790	230	210	210	190	400
冬灌/播前灌		60	60	60		60
定额取值	790	290	270	270	190	460

表 8-4　高效节水灌溉定额　　　　　　　　　　　单位:m³/亩

项目	水稻	玉米	油葵	温室蔬菜	拱棚蔬菜	露地蔬菜	外销蔬菜	西瓜甜瓜	枸杞
生育期灌溉	1 000	180	120	360	260	320	600	110	230
冬灌/播前灌						60		60	40
定额取值	1 000	180	120	360	260	380	600	170	270

8.3.3.2　灌区农业需水量

根据《2020 年各市、县(区)用水总量及强度控制目标》,灌区银川市和石嘴山市至黄河口计量点灌溉水利用率提高至 0.525。参考《宁夏统计年鉴2022》,灌区主要农作物播种面积为 26.29 万 hm²,具体见表 8-5。

表 8-5　银北灌区主要农作物种植面积　　　　　　　单位:hm²

作物	银川市					石嘴山市		
	兴庆区	西夏区	金凤区	贺兰县	永宁县	大武口区	平罗县	惠农区
稻谷	2 974	2 741	297	8 020	2 500	949	16 645	589
小麦	437	71	78	1 547	4 453	266	5 843	1 733
玉米	2 661	7 233	1 167	11 180	18 253	1 540	30 091	11 253
豆类	0	0	0	400		0	1 467	77
油料	0	88	80	28	28	5	3 117	559
药材	1 929	296	0	380	254	104	3 975	718
蔬菜	2 998	973	2 287	15 555	16 250	587	8 051	1 748
瓜果	919	23	566	994	635	40	972	77
青饲料	1 792	1 890	932	9 258	6 633	647	5 376	5 175
其他	2 830	3 487	932	9 547	6 836	647	6 044	5 175

分析得到灌区农业需水量为 10.55 亿 m³。其中,银川市农业需水量为5.83 亿 m³,其中银川市区农业需水量为 1.80 亿 m³,贺兰县和永宁县农业需水

量分别为 2.33 亿 m³ 和 1.70 亿 m³;石嘴山市农业需水量为 4.72 亿 m³,大武口区、平罗县、惠农区农业需水量分别为 0.20 亿 m³、3.32 亿 m³ 和 1.20 亿 m³。

8.3.4 生态需水量

生态环境用水是指为维护生态环境不再恶化并逐渐改善所需消耗的水资源总量。就石嘴山市而言,生态环境需水量主要是指维持湖泊和鱼池生态系统良性循环的补水。其中,湖泊生态环境用水主要指维持湖泊水量平衡而消耗于水面蒸散的净水量,其计算公式为

$$W = A(E-P) \tag{8-1}$$

式中:W 为湖泊的生态环境需水量,m³/a;E 为湖泊水面的蒸发量,m/a,水面蒸发深度取值 1 235 mm;A 为湖泊的水面面积,m²;P 为降水量,m/a,多年平均降水深度取 131 mm。

结合式(8-1)分析得到银北灌区人工生态环境需水量为 3.53 亿 m³。其中,银川市生态需水量为 2.33 亿 m³,银川市区生态需水量为 1.49 亿 m³,贺兰县和永宁县生态需水量分别为 0.43 亿 m³ 和 0.41 亿 m³;石嘴山市生态需水量为 1.2 亿 m³,大武口区、平罗县、惠农区生态需水量分别为 0.48 亿 m³、0.58 亿 m³ 和 0.14 亿 m³。

8.4 银北灌区水资源配置

银北灌区渠引黄河水资源可按照总量控制的原则,将浅层地下水、黄河水、中水配置到各县(区)。在配置过程中,优先配置生活用水,然后配置农业用水、工业用水和生态用水。

8.4.1 生活用水配置

首先,考虑到地下水的水质较好,易于处理,从而达到人饮生活用水的水质要求,因此地下水优先考虑向生活用水配置;其次,考虑渠引黄河水向生活用水配置。结合现场调研及输水管网漏损等,银北灌区现状生活取水量为 2.1 亿 m³,其中银川市和石嘴山市的生活用水量分别为 1.705 亿 m³ 和 0.395 亿 m³;银川市区、西夏区、金凤县、贺兰县、永宁县的生活取水量分别为 0.522 亿 m³、0.294 亿 m³、0.534 亿 m³、0.165 亿 m³、0.19 亿 m³;石嘴山市大武口区、贺兰县、永宁县的生活取水量分别为 0.173 亿 m³、0.12 亿 m³、0.102 亿 m³。

考虑银北灌区内银川市、石嘴山市的现状人口规模、规划年人口发展速度及城镇化水平等因素,银川市西夏区优先采用浅层地下水配置生活用水,然后考虑渠引黄河水配置生活用水。银川市贺兰县、永宁县和石嘴山市平罗县和惠农区主要采用地下水配置生活用水,银川市区及石嘴山市大武口区生活供

水同时配置地下水和渠引黄河水。银北灌区生活用水配置见表 8-6,银川市区生活用水配置 0.35 亿 m³ 地下水和 1 亿 m³ 渠引黄河水,石嘴山市大武口区生活用水配置 0.023 亿 m³ 浅层地下水和 0.15 亿 m³ 渠引黄河水。

表 8-6 银北灌区生活用水配置 单位:亿 m³

供水水源	银川市					石嘴山市		
	兴庆区	西夏区	金凤区	贺兰县	永宁县	大武口区	平罗县	惠农区
浅层地下水	0.072	0.094	0.184	0.165	0.19	0.023	0.12	0.102
渠引黄河水	0.45	0.2	0.35	0	0	0.15	0	0

8.4.2 农业用水配置

结合灌区农业耗水量及各级渠系输水损失,银北灌区现状农业取水量为 21.5 亿 m³,其中银川市和石嘴山市的农业用水量分别为 11.6 亿 m³ 和 9.9 亿 m³;银川市兴庆区、西夏区、金凤区、贺兰县、永宁县的农业取水量分别为 1.07 亿 m³、1.94 亿 m³、0.58 亿 m³、4.62 亿 m³、3.39 亿 m³;石嘴山市大武口区、贺兰县、永宁县的农业取水量分别为 0.4 亿 m³、6.9 亿 m³、2.6 亿 m³。

考虑银北灌区农业灌溉水资源紧缺、农田土壤盐碱化防治、渠引黄河水灌溉不及时、地下水灌溉适宜性、井渠结合灌溉模式等因素,结合率定、验证后的 Visual Modflow 模型,在现状农作物种植结构下,银北灌区农业用水同时配置渠引黄河水 20.786 亿 m³ 和地下水 0.714 亿 m³。银北灌区农业用水配置见表 8-7,银川市农业用水配置 0.558 亿 m³ 地下水和 11.042 亿 m³ 渠引黄河水,其中市区农业用水配置 0.148 亿 m³ 地下水和 3.442 亿 m³ 渠引黄河水;石嘴山市农业用水配置 0.156 亿 m³ 浅层地下水和 9.744 亿 m³ 渠引黄河水。

表 8-7 银北灌区农业用水配置 单位:亿 m³

供水水源	银川市					石嘴山市		
	兴庆区	西夏区	金凤区	贺兰县	永宁县	大武口区	平罗县	惠农区
浅层地下水	0.026	0.044	0.078	0.227	0.183	0.011	0.095	0.05
渠引黄河水	1.044	1.896	0.502	4.393	3.207	0.389	6.805	2.55

8.4.3 工业用水配置

结合灌区工业耗水量及管道输水损失,银北灌区现状工业取水量为 1.41 亿 m³,其中银川市和石嘴山市的工业用水量分别为 0.615 亿 m³ 和 0.795 亿 m³;银川市兴庆区、西夏区、金凤区、贺兰县、永宁县的工业取水量分别为 0.035

亿 m³、0.350 亿 m³、0.020 亿 m³、0.115 亿 m³、0.095 亿 m³；石嘴山市大武口区、贺兰县、永宁县的工业取水量分别为 0.100 亿 m³、0.255 亿 m³、0.44 亿 m³。

考虑银北灌区水资源紧缺和工业发展需要，银北灌区工业用水同时配置渠引黄河水 0.539 亿 m³ 和地下水 0.871 亿 m³。银北灌区工业用水配置见表 8-8，银川市工业用水配置 0.296 亿 m³ 地下水和 0.319 亿 m³ 渠引黄河水，其中市区工业用水配置 0.097 亿 m³ 地下水和 0.308 亿 m³ 渠引黄河水；石嘴山市工业用水配置 0.243 亿 m³ 地下水和 0.552 亿 m³ 渠引黄河水。

表 8-8　银北灌区工业用水配置　　　　单位：亿 m³

供水水源	银川市					石嘴山市		
	兴庆区	西夏区	金凤区	贺兰县	永宁县	大武口区	平罗县	惠农区
浅层地下水	0.032	0.05	0.015	0.107	0.092	0.093	0.050	0.10
渠引黄河水	0.003	0.30	0.005	0.008	0.003	0.007	0.205	0.34

8.4.4　生态用水配置

结合灌区生态环境保护需水量及输水损失，银北灌区现状生态取水量为 3.64 亿 m³，其中银川市和石嘴山市的工业用水量分别为 2.44 亿 m³ 和 1.20 亿 m³；银川市兴庆区、西夏区、金凤区、贺兰县、永宁县的工业取水量分别为 0.4 亿 m³、0.35 亿 m³、0.83 亿 m³、0.45 亿 m³、0.41 亿 m³；石嘴山市大武口区、贺兰县、永宁县的工业取水量分别为 0.48 亿 m³、0.58 亿 m³、0.14 亿 m³。

考虑银北灌区水资源紧缺和生态环境保护需要，银北灌区生态用水同时配置渠引黄河水 3.042 亿 m³ 和中水 0.598 亿 m³，不配置当地浅层地下水资源用于生态补水。银北灌区生态用水配置见表 8-9，银川市生态用水配置 0.176 亿 m³ 中水和 2.264 亿 m³ 渠引黄河水，其中市区生态用水配置 0.176 亿 m³ 中水和 1.404 亿 m³ 渠引黄河水；石嘴山市生态用水配置 0.422 亿 m³ 中水和 0.778 亿 m³ 渠引黄河水。

表 8-9　银北灌区生态用水配置　　　　单位：亿 m³

供水水源	银川市					石嘴山市		
	兴庆区	西夏区	金凤区	贺兰县	永宁县	大武口区	平罗县	惠农区
中水	0.064	0.112	0	0	0	0.268	0.106	0.048
渠引黄河水	0.336	0.238	0.83	0.45	0.41	0.212	0.474	0.092

8.4.5　用水配置分析

银北灌区浅层地下水配置水量为 2.203 亿 m³，渠引黄河水配置水量为 25.849 亿 m³，中水配置水量为 0.598 亿 m³。灌区生活配置浅层地下水量最高（0.95 亿 m³），农业配置黄河水量最高（20.786 亿 m³），生态配置中水量最高（0.598 亿 m³），见表 8-10。

表 8-10　银北灌区不同水源用水配置量　　　　　单位：亿 m³

供水水源	银川市					石嘴山市		
	兴庆区	西夏区	金凤区	贺兰县	永宁县	大武口区	平罗县	惠农区
地下水	0.13	0.188	0.277	0.499	0.465	0.127	0.265	0.252
渠引黄河水	1.833	2.634	1.687	4.851	3.62	0.758	7.484	2.982
中水	0.064	0.112	0	0	0	0.268	0.106	0.048

银北灌区不同供水水源在各行政区（县）配置中百分比见图 8-4。受人口、农田、工业分布等因素的影响，银川市地下水资源和渠引黄河水资源配置占比高于石嘴山市，但石嘴山市在中水资源配置占比（70.6%）中明显高于银川市（29.4%），仅大武口区中水配置占比达 44.8%。

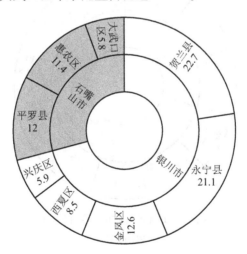

（a）地下水配置各行政区（县）百分比

图 8-4　银北灌区不同供水水源在各行政区（县）配置中百分比（%）

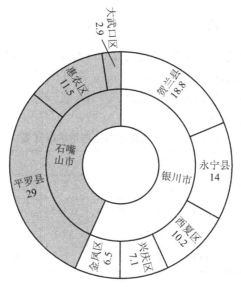

(b)渠引黄河水配置各行政区(县)百分比

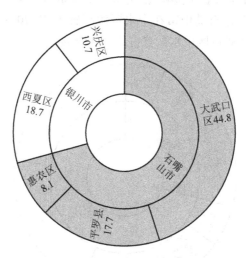

(c)中水配置各行政区(县)百分比

续图 8-4

第 9 章　结论与建议

9.1　结　论

本书结合银北灌区的气象、水文、土壤、作物条件,系统分析灌区地表水资源、地下水资源和非常规水资源的储存条件、分布规律、水资源量,在深入剖析井渠结合灌溉模式的基础上,根据水资源优化配置原则和方法,结合地下水运移数值模型,基于区域水资源安全高效利用、土壤盐碱化防治的目标,提出了银北灌区生活用水、农业用水、工业用水、生态用水的水资源配置方案。

分析发现,银北灌区矿化度 2 g/L 以下当地地表水径流量为 1.584 亿 m³,矿化度介于 2~5 g/L 的当地地表水径流量为 0.021 亿 m³;灌区地下水资源量为 10.6 亿 m³,其中银川市地下水资源量为 6.56 亿 m³,石嘴山市地下水资源量为 4.04 亿 m³;灌区投入运行污水处理厂 24 座,设计中水资源量为 4.38 亿 m³。

根据现场调查研究及试验观测结果,银北灌区井渠结合灌溉主要为井渠混灌模式,适宜发展井渠结合灌溉模式的地下水矿化度宜小于 3 g/L;作物生长期适宜发展井渠结合灌溉模式的地下水埋深为 0.8~1.5 m,其他时期适宜发展井渠结合灌溉模式的地下水埋深为 1.5~2.2 m;井渠结合灌溉的井灌水量与渠灌水量之比介于 2:8~6:4,秋灌期井灌水量占比可达 60%。灌区适宜井渠结合灌溉的农作物为小麦、玉米、水稻、瓜果蔬菜,经济林木为枸杞;作物生育期内水稻井渠结合灌溉定额约 750 m³/亩,其他作物生育期内灌溉 2~4 次,灌溉定额 120~300 m³/亩。为防治土壤盐碱化,渠道供水充足情境下井渠结合灌溉模式春灌前地下水位宜维持在 2 m 左右,秋灌期地下水位宜维持在 1.5 m 左右,其他时期维持在 1 m 左右;渠道供水紧张情境下井渠结合灌溉模式春灌期和冬灌期维持在 1 m 左右,其他时期维持在 1.5~2 m。

结合 Visual Modflow 模型的结构和区域水文地质条件,概化研究区浅层地下水系统为非均质各向同性介质,常温压均符合质量守恒定律和能量守恒定律,水分运动服从 Buckingham-Darcy 通量定律;概化研究区地下水流为三维非稳定流,地下水运动均符合 Darcy 定律。结合资料在区域水文地质模型率定、验证的基础上,分析研究区近 3 年(2019—2021 年)的地下水补排基本平衡。

结合率定、验证后的 Visual modflow 模型分析银北灌区典型灌溉条件下的地下水埋深动态,得到灌区地下水资源可开采量为 5.94 亿 m³;在对灌区生活、农业、工业、生态用水需求分析的基础上,结合区域水资源优化配置原则和行业配置原则,银北灌区配置浅层地下水量 2.203 亿 m³,渠引黄河水量 25.849 亿 m³,中水量 0.598 亿 m³,各地级市的生活用水、农业用水、工业用水均同时配置浅层地下水和渠引黄河水,生态用水同时配置中水和渠引黄河水。

9.2 建 议

本书在分析农业需水过程中,未充分考虑不同农作物种植结构情景,由于不同农作物的需水规律不同、对灌溉水质要求不一致,且对不同盐碱程度土壤的适应能力不一致,不同作物种植结构下的区域需水量可能存在差异,进而对灌区水资源配置产生影响。建议在后期研究中,结合银北灌区的土壤盐碱特征,在优化作物种植结构的基础上,结合水文地质模型模拟优选适宜的多水源联合利用方案,以保障农业生产,实现灌区水资源高效利用。

参考文献

[1] Masse, P. The principles of regulation of random deposits by areservoir[J]. Comptes Rendus Hebdomadaires des Sences De LAcademie Des Sciences. 1944:19-21.

[2] Haddad O B, Afshar A, Mariño M A. Honey-Bees Mating Optimization (HBMO) Algorithm: A New Heuristic Approach for Water Resources Optimization [J]. Water Resources Management, 2006, 20(5):661-680.

[3] Romjin E, Taminga M. Multi-objective decision making theary and metholdology[M]. North Holland: Elsevier Science Publishing Co,1983.

[4] Masseroni C, Trivisonno R, Liroli F. Method of and apparatus for scheduling transmission of multimedia streaming services over the radio channel of wireless communication systems: EP, EP 1619839 A1[P]. 2006.

[5] Portoghese Ivan, Giannoccaro Giacomo, Giordano Raffaele, et al. Modeling the impacts of volumetric water pricing in irrigation districts with conjunctive use of surface and groundwater resources [J]. Agricultural Water Management,2021:244.

[6] Barkhordari Soroush, Hashemy Shahdany Seied Mehdy. Developing a smart operating system for fairly distribution of irrigation water, based on social, economic, and environmental considerations [J]. Agricultural Water Management,2021:250.

[7] Chen M, Gao Z, Wang Y. Overall introduction to irrigation and drainage development and modernization in China [J]. Irrigation and Drainage, 2020:69.

[8] 杜磊,董育武,谢军.多水源区域内水资源调配策略分析[J].地下水, 2019,41(5):143-145.

[9] 潘春洋,杨树青,娄帅,等.多水源交替灌溉模式对玉米生长特性及产量的影响[J].中国土壤与肥料,2020(1):165-171.

[10] 张万锋,杨树青,潘春洋,等.优化井渠轮灌下秸秆覆盖对夏玉米根系分布与产量影响[J].农业机械学报,2020,51(S1):25-33.

[11] 刘德波,李程纯子,程德虎,等.多水源联合调度动态水指标解析模型研究[J].水资源研究,2019,8(2):177-184.

[12] 杨丽芝,张光辉,刘春华,等.利用平原水库实现地表水与地下水联合调蓄的研究:以海河流域东南段为例[J].干旱区资源与环境,2009,23(4):79-84.

[13] Zhou Li, Jin Quan, Xiao-Yan Li, et al. Establishing a model of conjunctive regulation of surface water and groundwater in the arid regions [J]. Agricultural Water Management,2016,174.

[14] 曾赛星,李寿声.灌溉水量分配大系统分解协调模型[J].河海大学学报(自然科学版),1990(1):67-75.

[15] 贺北方,丁大发.多库多目标最优控制运用的模型与方法[J].水利学报,1995(Sl):84-88.

[16] 王浩,王建华,秦大庸,等.基于二元水循环模式的水资源评价理论方法[J].水利学报,2006,37(12):1496-1502.

[17] 李雪萍.国内外水资源配置研究概述[J].海河水利,2002(5):13-15.

[18] 翁文斌,蔡喜明,史慧斌,等.宏观经济水资源规划多目标决策分析方法研究及应用[J].水利学报,1995,26(2):1-11.

[19] 彭新育,王力.农业水资源的空间配置研究[J].自然资源学报,1998,3(13):222-228.

[20] 向丽,顾培亮,董新光,等.大型灌区水资源优化分配模型研究[J].西北水资源与水工程,1999,10(1):3-10.

[21] 杨慧丽.灌区引黄水和地下水联合运用的最优规划[J].节水灌溉,2010(10):72-74.

[22] 蒲志仲.水资源配置的经济学探讨[J].生态经济,1999(4):10-14.

[23] 贺北方,周丽,马细霞,等.基于遗传算法的区域水资源优化配置模型[J].水电能源科学,2002,20(3):10-12.

[24] 尹明万,谢新民,王浩,等.基于生活、生产和生态环境用水的水资源配置模型[J].水利水电科技进展,2004,24(2):5-8,69.

[25] 黄义德,周银平,陈来宝,等.淠史杭灌区水资源优化配置的研究[J].安徽农业科学,2006,34(14):3554-3557.

[26] 周丽,黄哲浩,贺惠萍,等.多目标非线性水资源优化配置模型的混合遗传算法[J].水电能源科学,2005,23(5):22-26.

[27] 褚桂红.涝河灌区地表水地下水联合调度模型及应用研究[D].西安:西

安理工大学, 2010.

[28] 张文鸽,黄强,管新建. 区域水资源优化配置模型及应用研究[J]. 西北农林科技大学学报, 2005,12(33):154-158.

[29] 周维博,曾发琛. 井渠结合灌区地下水动态预报及适宜渠井用水比分析[J].灌溉排水学报,2006,25(1):6-9.

[30] 王瑞年,董洁,付意成. 龙口市农业水资源优化配置模型探讨[J]. 水电能源科学, 2009, 27(2):36-39.

[31] 黄显峰,邵东国,顾文权,等. 基于多目标混沌优化算法的水资源配置研究[J]. 水利学报, 2008(2):183-188.

[32]李彦彬,徐建新,黄强. 灌区地表水和地下水联合调度模型研究[J]. 沈阳农业大学学报, 2006, 37(6):884-889.

[33] 张万顺,方攀,鞠美勤,等. 流域水量水质耦合水资源配置[J]. 武汉大学学报(工学版), 2009(5):577-581.

[34] 聂相田,邱林,周波,等. 井渠结合灌区水资源多目标优化配置模型与应用[J]. 节水灌溉, 2006(4):26-28.

[35] 龙祥瑜,谢新民,孙仕军,等.我国水资源配置模型研究现状与展望[J]. 中国水利水电科学研究院学报,2004,2(2):131-140.

[36] 陈晨,罗军刚,解建仓.基于综合集成平台的水资源动态配置模式研究与应用[J]. 水力发电学报, 2014, 33(6):68-77.

[37] Romjin E, Taminga M. Multi-objective decision making theory and methodology [M]. North Holland:Elsevier Science Publishing Co, 1983.

[38] Willis R. Multiple-criteria decision-making:A retrospective analysis [J]. IEEE Trans SYST, Man, Cybern, SYST, 1987, 15(3):213-220.

[39] Afzal, Javaid, Noble David H. Optimization model for alternative use of different quality irrigation waters [J]. Journal of Irrigation and Drainage Engineering, 1992, 118(2):218-228.

[40] Fleming R A, Adams R M, Kim C S. Regulating groundwater pollution:Effects of geophysical response assumptions on economic efficiency [J]. Water Resources Research,1995(31):1069-1076.

[41] Carlos P, Gideon O, Abraham M. Optimal operation of regional system with diverse water quality sources[J]. Journal of Water Resources Planning and Management, 1997, 123(2):105-115.

[42] Kumar A,Minocha V K. Fuzzy optimization model for water quality management

of a river system[J]. Water Resources Planning and Management, 1999, 205 (3): 179-180.

[43] Watllius, David W J, Knney M. Optimization for incorporating risk and uncertainty in sustainable water resources planning [J]. International Association of Hydro logical Sciences, 1995, 23(3): 225-232.

[44] Norman J, Dudley. Optimal inter seasonal irrigation water allocation[J]. Water Resource Reseacrh, 1997, 7(4): 1652-1655.

[45] Ghossen R, Masharrafieh, Richard C, et al. Optimizing Irrigation Management for Pollution Control and Sustainable crop Yield [J]. Water Resources Research, 1995, 31(4): 760-767.

[46] Ejeta M, Ztll U. Local water markets for irrigation in south Spain: a multitier approach [J]. The Australian Journal of Agriculture Ural and Resource Economies, 2002, 46: 21-43.

[47] Biswadip Das, Ajay Singh, Sudhindra N. Panda, et al. Optimal land and water resources allocation policies for sustainable irrigated agriculture [J]. Land Use Policy, 2015, 42: 527-537.

[48] Sarach Connick, Judith Innes. Outcomes of collaborative water policy making: applying complexity thinking to evaluation[O]. Institute of Urban and Regional Development, University of California at Berkeley, Working Paper, Aug. 2001.

[49] Habibi M, Davijani M E, Banihabib, et al. Optimization model for the allocation of water resources based on the maximization of employment in the agriculture and industry sectors[J]. Journal of Hydrology, 2016, 533: 430-438.

[50] Thalillieu T, Bouwen R, Craps, et al. Multi-organizational collaboration in river basin management and the social learning concept [C]. MOPAN Conference, 2003.

[51] Lnjayant C, Chieko U. Basinwide water management: a spatial model[J]. Journal of Environmental Economies and Management, 2003(45): 1-23.

[52] Fortes P S, Platonov A E, Perei R A L S, et al. GIS based irrigation scheduling simulation model to support improved water use and environmental control [J]. Agricultural Water Management, 2005, 77(1/2/3): 159-179.

[53] Cakr R, Ceb U. Water use and yield response factor of flue-cured tobacco under different levels of water supply at various growth stages[J]. Irrigation

and Drainage，2010，59（4）：453-464.

［54］孙骁磊,田军仓,朱磊.井渠灌区地下地表水耦合模拟及用水配置研究
［J］.节水灌溉,2016（11）:61-66,70.

［55］孙骁磊.银北井渠结合灌区地表水地下水耦合模拟及优化配置研究
［D］.银川:宁夏大学,2016.

［56］贾小俊.干旱区小流域地表水与地下水优化配置研究［J］.水利规划与设
计,2016（11）:52-55.

［57］Naghdi Saeid, Bozorg-Haddad Omid, Khorsandi Mostafa, et al. Multi-objective
optimization for allocation of surface water and groundwater resources
［J］. Science of the Total Environment,2021;776.

［58］李兴男.SWAT 模型在渠井结合灌区的改进及应用［D］.杨凌:西北农林
科技大学,2020.

［59］贾艳辉.基于耦合模型的灌区水资源优化配置研究［D］.西安:西安理工
大学,2018.

［60］杜捷.农业水土资源利用评价与均衡优化调控研究［D］.北京:北京林业
大学,2020.

［61］王少丽,许迪,方树星,等.宁夏银北灌区农田排水再利用水质风险评价
［J］.干旱地区农业研究,2010,28（3）:43-47.

［62］王少丽,刘大刚,许迪,等.基于模糊模式识别的农田排水再利用适宜性
评价［J］.排灌机械工程学报,2015,33（3）:239-245.

［63］刘大刚.农田排水资源灌溉利用适宜性评价研究［D］.北京:中国水利水
电科学研究院,2013.

［64］许迪,丁昆仑,蔡林根,等.黄河下游灌区农田排水再利用效应模拟评价
［J］.灌溉排水学报,2004（5）:1-5.

［65］王建伟.面向水安全的石嘴山农田灌溉水资源配置研究［D］.邯郸:河北
工程大学,2017.

［66］Wahba M A S. Assessment of options for the sustainable use of agricultural
drainage water for irrigation in Egypt by simulation modelling［J］. Irrigation
and Drainage，2017，66（1）：118-128.

［67］苏占胜,秦其明,陈晓光,等.GIS 技术在宁夏枸杞气候区划中的应用
［J］.资源科学,2006（6）:68-72.

［68］Allen R G, Pereiro L S, Raes D, et al. Crop evapotranspiration：Guidelines
for computing crop requirements［M］. Irrigation and Drainage paper No.

56, FAO, Rome, 1998.

[69] Feddes R A, Kowalik P J, Zaradny H. Simulation of field water use and crop yield//simulation monographs[M]. 1978:189.

[70] Raats, P A C. Steady Flows of water and salt in Uniform Soil Profiles with Plant Roots[J]. Soil Science Society of America Journal, 1974,38(5): 717-722.